Perfekt Pilotieren Leicht gemacht

Viktor Rothe

Vorwort

Nur wenigen ist es vergönnt, ihren Traum vom Fliegen zu verwirklichen.

Ein paar haben das Glück, wohlhabende Eltern zu haben, andere verdingen sich beim Militär, doch für die meisten, die ernsthaft zu fliegen beginnen, ist der Weg zum Pilotenschein mit nicht unerheblichen Opfern an Zeit und Geld verbunden.

Seitens der Behörden werden neben einer Ausbildung in Theorie 45 praktische Flugstunden gefordert, um die amtliche Prüfung ablegen zu können.

Die Flugschulen versuchen, dem angehenden Privatpiloten das Führen eines Flugzeuges innerhalb dieser kurzen Zeit zu vermitteln. Es liegt auf der Hand, dass man damit kaum mehr als ein Basiswissen erlernen kann, gerade ausreichend, von A nach B fliegen und am Zielort sicher landen zu können.

Vielen Piloten genügt das auch und es ist nichts dagegen einzuwenden, solange die Betreffenden ihre Grenzen kennen und sich nicht in Situationen vorwagen, denen sie nicht gewachsen sind.

Wer sein fliegerisches Können weiter vervollkommen und sich weiterbilden will, hat die Möglichkeit, an Kunstflug- oder IFR-Kursen der diversen Flugschulen teilzunehmen.

Diejenigen Piloten aber, die ihr fliegerisches Können perfektionieren wollen, klopfen bei Flugschulen meist vergebens an. Für diese Piloten ist das vorliegende Buch geschrieben. Es verrät viele Tricks, die sich im Laufe der jahrelangen Tätigkeit als „Fun-Pilot" und Fluglehrer angesammelt haben. Und abgesehen vom Gewinn an Sicherheit:

Perfekte Flugzeugbeherrschung macht mehr Spaß!

Video „meine Art des Startens"

Wie dieses Buch entstanden ist

Im Laufe der Jahre als Privatpilot und Fluglehrer hat sich eine ganze Menge Wissen angesammelt, wie man sich das Fliegen effizient und bequem machen kann. Aus diesem Fundus habe ich Vieles in meinen täglichen Flugunterricht eingearbeitet.

Die meisten meiner Flugschüler sah ich erst nach 2 Jahren beim obligatorischen Überprüfungsflug wieder, und dabei stellte sich heraus, dass diese vieles, was sie während der Pilotenausbildung beherrschten, bereits wieder vergessen hatten.

Dabei haben einige meiner Eleven die Bitte geäußert, ich möge doch aufschreiben, was ich ihnen früher einmal beigebracht habe, wie die diversen Manöver zu fliegen sind, die Hausnummern rund um den Smiley und Vieles mehr.

Dieser Bitte bin ich vor mehr als 10 Jahren nachgekommen und es kam ein Buch zustande, das ich im Eigenverlag in einer Auflage von 1000 Exemplaren habe drucken lassen. Diese Auflage ist mittlerweile längst ausverkauft.

Nachdem ich aber keinen Verlag gefunden habe, der Druck und Vertrieb übernehmen wollte, habe ich mich entschlossen, die modernen Hilfsmittel zu nutzen und das Buch in digitaler Form zu vermarkten, wobei eingebaute Videos das Verständnis unterstützen.

Doch auch das Druckwerk als „Book on Demand" braucht nicht auf die Videos zu verzichten: In den Text eingefügte QR-Codes ermöglichen es, diese auf dem Smartphone anzusehen.

Der Vorteil bei dieser Art der Veröffentlichung ist, dass ich den Inhalt jederzeit auf neuen Stand bringen kann. Schließlich lerne ich auch jeden Tag etwas dazu und werde in unregelmäßigen Abständen das Buch überarbeiten.

Und so freue ich mich über jeden Hinweis, der das Buch verbessern könnte.

Viktor Rothe

flyperfect@gmx.net

www.flyperfect.de

www.us-fluglehrer-deutschland.de

Inhaltsverzeichnis

Vorwort 2
1 FLUGZEUGBEHERRSCHUNG 8
1.1 Der Unterschied zum Auto 9
1.2 Die Kurve 12
1.3 Der Smiley 14
1.4 Das negative Wendemoment 18
1.5 Koordinationsübung Dutch Rolls 20
1.6 Das positive Rollmoment 23
1.7 Koordinationsübung Fish-Tailing 25
1.8 Der Geradeausflug 27
1.9 Geradeausflug mit hängender Fläche 30
1.10 Anstellwinkel und Auftrieb 32
1.11 Pitch Attitude 39
1.12 Der Smiley als Fahrtmesser 42
1.13 Motordrehzahl und Geschwindigkeit 45
1.14 Die Trimmung 47
1.15 Geschwindigkeit auf einen Knoten genau 50
1.17 Sinkflug 55
1.18 Übergang vom Sinkflug in den Horizontalflug 57
1.19 Steigflug 58
1.20 Übergang vom Steigflug in den Reiseflug 60
1.21 Seitengleitflug (Slip) 61
1.22 Überziehen und Trudeln 63
1.23 Langsamflug 67
1.24 Steilkurven 71
1.25 Der P-Faktor 73

1.26 Gekreuzte Ruder 76
1.27 Die wichtigsten Geschwindigkeiten 77
1.28 Überziehgeschwindigkeit 80
1.29 Manövergeschwindigkeit 82
1.30 Geschwindigkeit geringsten Sinkens 84
1.31 Geschwindigkeit besten Gleitens 86
2 STARTEN UND LANDEN 88
2.1. Der Start 89
2.2 Start von kurzen Bahnen 94
2.3 Start von weichem Untergrund 96
2.4 Start von unebenem Untergrund 98
2.5 Start bei Seitenwind 100
2.6 Start mit Rückenwind 102
2.7 Durchstarten 104
2.8 Vorbereiten zur Landung 107
2.9 Endanflug 108
2.10 Abfangen 113
2.11 Ausschweben und Landen 114
2.12 Landung auf weichem Untergrund 116
2.13 Landung auf kurzen Bahnen 117
2.14 Landung bei Seitenwind 119
2.15 Landung mit Rückenwind 123
2.16 Rollen am Boden bei starkem Wind 125
2.17 Zu hoher Endanflug 127
2.18 Tipps und Tricks für Start und Landung 131
2.19 Abstellen 136

3 EXTREMSITUATIONEN **140**
3.1 Fliegen bei marginalen Sichtbedingungen 141
3.2 Rettung aus der Wolke 143
3.3 Rettung aus der Steilspirale 146
3.4 Motorausfall über den Wolken 147
3.5 Notabstieg 148
3.6 Turbulenz 150
3.7 Notlandung 151
3.8 Motorausfall nach dem Start 156
3.9 Windscherung 162

4 MOTORBEDIENUNG **164**
4.1 Anlassen 165
4.2 Schwache Batterie 169
4.3 Gemischeinstellung 170
4.4 Dichtehöhe 173
4.5. Öl 176
4.6 Vergaservereisung 179
4.7 Ladedruck 181

5 TIPPS FÜR DEN REISEFLUG **184**
5.1 Reiseflughöhe 185
5.2 Navigation und Karten 186
5.3 Kraftstoffmanagement 189
5.4 Kraftstoffverbrauch 192
5.5 Einfluss des Windes auf den Kraftstoffverbrauch 195
5.6 Beladung 199
5.7 Schwerpunkt 204
5.8 Fliegen nach dem Magnetkompass 207
5.9 1-in-60 Regel 209
5.10 Fliegen in den Bergen 211

6 ALLGEMEINE TIPPS...215
6.1 Wetter 216
6.2 Sprechfunk...219
6.3 Ausrüstung..221
6.4 Die meisten Unfälle wären vermeidbar...............................224
Schlusswort 227
Glossar...228

1 Flugzeugbeherrschung

1.1 Der Unterschied zum Auto

Blickt man in das Cockpit eines Durchschnittsflugzeuges, fällt eine gewisse Ähnlichkeit zum Automobil auf. Beide haben Lenkrad und Pedale. Diese Ähnlichkeit verführt dazu, ein Flugzeug wie ein Auto lenken zu wollen. Jedoch ist das Verhalten eines Flugzeuges von dem eines Automobils stark unterschiedlich.

Am deutlichsten wird das beim Rollen am Boden. Dreht man am Lenkrad des Autos, fährt es bekanntlich eine Kurve. Der Radius dieser Kurve ist direkt von der Stellung des Lenkrades abhängig.

Dreht man aber am Steuerhorn eines am Boden rollenden Flugzeuges, geschieht in der Regel gar nichts. Bekanntlich wird die Richtung eines Flugzeuges (Drehung um die Hochachse) mit den Pedalen gesteuert, die neben dem Seitenruder das Bug- oder Spornrad bewegen.

Man muss also ein Flugzeug gänzlich anders behandeln, als man es vom Auto her gewohnt ist. Diese ungewohnte Methode, ein Fahrzeug, in diesem Fall ein Flugzeug, mit den Füßen zu steuern, hat der Anfänger relativ schnell erlernt, zumindest so lange er hochkonzentriert bei der Sache ist. Er meint, nach kurzer Übungszeit hätte er es begriffen und möchte endlich fliegen.

Doch schnell ermüdet er und bewegt unwillkürlich das „Lenkrad" in die Richtung, in die er rollen will, so, wie er das seit der Fahrschule in vielen Stunden Praxis vom Auto her gewohnt ist. Dabei stellt er dann sehr schnell fest, dass das Flugzeug keinerlei Notiz von seinen Bemühungen nimmt und erinnert sich daran, dass er die Füße zu Hilfe nehmen muss.

Nach kurzer Schrecksekunde rollt dann das Flugzeug wieder brav in die gewünschte Richtung.

Verlangt aber die Situation sofortiges richtiges Steuern, so ist jede Schrecksekunde zu lang. Das Richtungs-Halten des Flugzeuges mit den Füßen muss im Unterbewusstsein verankert werden.

Wie fest das einmal Angelernte im Unterbewusstsein sitzt, kann man der Erzählung meines alten Freundes Dick Walling entnehmen, der in einer texanischen Flugschule als Chefffluglehrer fungierte:

Er stammte aus sehr armen Verhältnissen. Als er ein kleiner Junge war, konnten sich seine Eltern kein Auto leisten, und er hatte daher vom Autofahren keine Ahnung. Ein befreundeter Bekannter mit einer Piper Cub ließ ihn aber oft mitfliegen, und so wusste er lange bevor er je in einem Auto saß, wie ein Flugzeug zu steuern ist.

Als seine Eltern später zu ein wenig Geld kamen und sich das erste gebrauchte Auto kaufen konnten, durfte er auch einmal ans Lenkrad und wurde von seinem Vater eingewiesen.

Die ersten Geh- bzw. Fahrversuche auf dem Hof des Farmhauses machten ihm keine großen Schwierigkeiten, insbesondere, weil in den beengten Verhältnissen gerade einmal Schrittgeschwindigkeit möglich war. Dann kam die nächste Stufe der Fahrausbildung: Die erste Fahrt auf der Landstraße.

Mit zunehmender Geschwindigkeit stieg die Anspannung. Er wurde nervös und unsicher.

Und dann kam eine Rechtskurve.

Sein Unterbewusstsein ließ ihn das Auto so steuern, wie er das vom Flugzeug her gewohnt war. Dies war, wie er wörtlich berichtete, „eine interessante Erfahrung". Der Leser wird sich denken können, dass er die Rechtskurve mit dem rechten Pedal einleitete. Die Folgen sind gut vorstellbar. Jedenfalls, so berichtete er, dauerte es Monate, bis er wieder einmal ans Steuer eines Automobils durfte.

Dieses in der amerikanischen Flugausbildung „Negative Transfer of Learning" genannte Phänomen trifft genauso auf die meisten Piloten zu, die ja im Allgemeinen bereits Erfahrungen mit Autos haben, nur in diesem Falle mit umgekehrtem Vorzeichen.

So versucht der Anfänger, die Richtung des Flugzeuges mit dem „Lenkrad" zu halten. Das aber ist aus physikalischen Gründen im Flug nicht sauber und beim Rollen am Boden nicht möglich.

Bei den Pionieren der Luftfahrt, den „Männern in ihren fliegenden Kisten", die sich das Fliegen mehr oder weniger selber beibrachten, entfiel dieses Problem. Diese ersten Flugzeuge waren nicht mit einem Steuerhorn, sondern mit Knüppel ausgerüstet, und so mussten sich die Piloten kein „auto"-matisches Lenken mit dem Steuerrad abgewöhnen. Erst später, als die Flugzeuge schwerer und die Steuerkräfte größer wurden, kam das Steuerrad auf, dem Steuer eines Schiffes nicht unähnlich. (Daher wohl auch die Bezeichnung „Kapitän" für einen Linienpiloten.)

Diese Steuerräder verleiten natürlich ebenso wie die heute üblichen Steuerhörner dazu, Flugzeuge wie Autos lenken zu wollen. Im Fluge ist das auch einigermaßen möglich, besonders dann, wenn die Querruder nur wenig ausgelenkt werden. Das „negative Wendemoment", dieses Thema wird später noch ausführlicher behandelt, ist dann sehr klein und nahezu vernachlässigbar.

Will man aber die Richtung des Flugzeuges sehr rasch ändern, sind große Querruderausschläge erforderlich. Das dabei auftretende negative Wendemoment muss mit dem Seitenruder kompensiert werden, damit das Flugzeug ohne entgegengesetztes Gieren präzise in die erforderliche Schräglage gebracht werden kann.

Bei größeren Reiseflugzeugen werden seitens der Flugzeughersteller Seitenruder und Querruder mittels Federn gekoppelt, um dem Piloten das Leben einfacher zu gestalten. Diese einfache mechanische Kopplung genügt für die meisten Situationen.

Flugzeuge, die im professionellen Passagierverkehr eingesetzt werden, haben eine elektronische zuschaltbare Automatik (Yaw Damper) die dem Piloten die Koordination von Seiten- und Querruder abnimmt.

Der Privatpilot mit seiner kleinen einmotorigen Maschine muss diese Arbeit selber machen, wenn er sein Flugzeug genauso sauber fliegen will wie der Autopilot das Linienflugzeug.

Hierzu ist eine Menge Übung erforderlich.

1.2 Die Kurve

Bevor wir uns ins Flugzeug setzen und „koordiniertes Fliegen" üben wollen, müssen wir zuerst einmal im Detail verstehen, wie ein Flugzeug Kurven fliegt.

Dreht man das Steuerhorn aus seiner Neutrallage heraus, beginnt das Flugzeug, sich um seine Längsachse zu drehen. Diese Drehbewegung hört erst dann auf, wenn das Querruder wieder in die Neutrallage gebracht wird. An der Stellung des Steuerhorns kann man also nur erkennen, ob sich das Flugzeug um seine Längsachse dreht oder nicht. Es lässt keinerlei Rückschluss auf irgendeine kleine oder große Schräglage nach rechts oder links zu.

Mit dem Querruder kann man also nur eine **Drehgeschwindigkeit** um die Längsachse einstellen. Diese ist umso größer, je größer das Querruder aus seiner Neutrallage ausgelenkt ist.

Will man das Flugzeug aus der horizontalen Lage in eine definierte Schräglage bringen, so ist dazu entweder ein sehr kleiner Querruderausschlag notwendig, der für eine relativ lange Zeit beibehalten wird, oder ein großer Querruderausschlag, allerdings dieser nur für eine deutlich kürzere Zeit.

Während beim Auto die Kurve beendet ist, sobald das Lenkrad wieder in Normallage gebracht wird, bleibt beim Flugzeug die einmal eingenommene Schräglage trotz neutraler Positionierung des Steuerhorns erhalten.

Bei einer Schräglage wirkt der Auftrieb nicht mehr vertikal, sondern um den Schräglagewinkel seitlich geneigt. Diese Neigung bewirkt eine horizontale Komponente des Auftriebs. Diese wiederum hat zur Folge, dass das Flugzeug nicht mehr geradeaus, sondern eine gekrümmte Bahn, also eine Kurve fliegt.

„Man" fliegt also keine Kurve, das tut das Flugzeug von allein. Der Pilot leitet also nur die Kurve ein, das heißt, er bringt lediglich das Flugzeug in eine definierte Schräglage.

Je größer die Schräglage, umso kleiner ist der Kurvendurchmesser, die gleiche Geschwindigkeit vorausgesetzt. In dieser Hinsicht ist das Flugzeug einem Motorrad viel ähnlicher als einem Automobil.

Sie werden sicher bei Ihrer Anfangsausbildung bemerkt haben, dass Ihr Flugzeug besonders bei größeren Schräglagen in Linkskurven stets die Tendenz hat, Höhe zu verlieren und in Rechtskurven Höhe zu gewinnen. Es bereitete Ihnen wahrscheinlich genau wie mir und vielen anderen große Mühe, diese Tendenz einigermaßen zu kompensieren und beim Prüfungsflug die obligatorischen Kurven ohne übermäßige Höhenänderung fliegen zu können. Die Ursache dafür ist recht einfach zu erklären:

Die Höhe des Horizontes über der Motorhaube ist bekanntlich, zumindest für den Sichtflug, die beste Referenz für das Einhalten konstanter Geschwindigkeit und Höhe. Unwillkürlich schaut man also stets über die Mitte der Motorhaube, meist deren höchsten Punkt, um die Höhe konstant zu halten.

Nimmt das Flugzeug nun eine Schräglage ein, liegt die Mitte der Motorhaube bei Flugzeugen mit nebeneinander angeordneten Sitzen aus Sicht des links sitzenden Piloten in Linkskurven höher, in Rechtskurven niedriger über dem Horizont als beim Geradeausflug.

Da der Pilot jedoch versucht, die Flugzeugnase in gleichem Abstand zum Horizont zu halten, drückt er sie in der Linkskurve unwillkürlich tiefer und zieht sie in Rechtskurven höher.

Flugzeuge mit hintereinander angeordneten Sitzen sind da leichter zu fliegen: Der Blick über die Mitte der Motorhaube entspricht der Richtung der Flugzeuglängsachse und die Flugzeugnase bleibt auch in Kurven in der gleichen Höhe über dem Horizont.

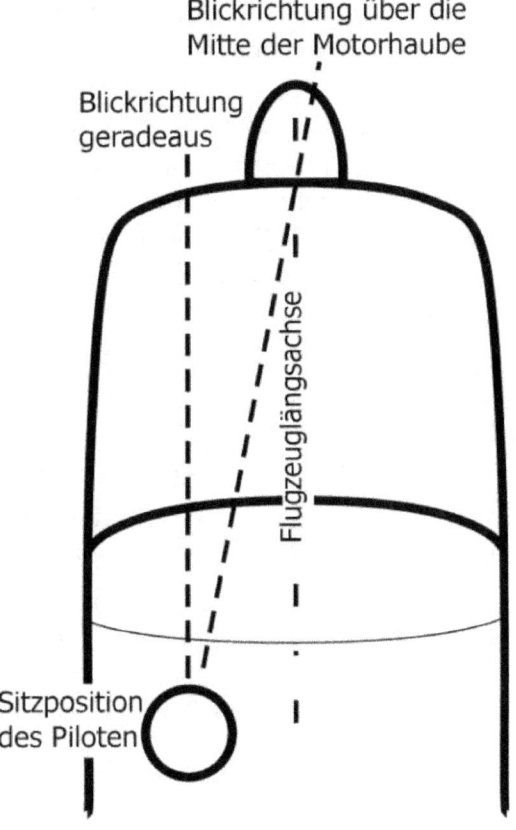

Der künstliche Horizont wäre ein gutes Kontrollinstrument, doch während man auf dieses Instrument schaut, ist der Blick nicht mehr nach außen gerichtet. Es wächst die Gefahr, andere Flugzeuge zu übersehen. Wir benötigen demnach ein Hilfsmittel, das uns die Höhe der Flugzeugnase über dem Horizont ohne Blick auf die Instrumente anzeigt.

1.3 Der Smiley

Die einfachste und preiswerteste Methode wäre, sich einen Punkt auf der Windschutzscheibe zu merken, über welchen man geradeaus auf den Horizont schaut. Meistens sind genügend Insektenleichen auf der Scheibe „verewigt", von denen sich eine an der passenden Stelle befindet. Doch nicht jeder liebt es, mit verschmutzten Scheiben herumzufliegen.

Man kann sich ersatzweise einen Punkt auf der Innenseite der Scheibe mit einem Fettstift markieren.

Noch besser geeignet, weil deutlicher zu erkennen, sind selbstklebende Papierpunkte mit einem Durchmesser von knapp einem Zentimeter, die man im Bürohandel erwerben kann. Diese sind auch leichter zu entfernen als eine Fettstiftmarkierung. Es gibt auch solche, auf denen ein Smiley aufgedruckt ist, diese sehen zudem auch freundlicher aus.

Also nehmen wir diese und nennen ab sofort den auf die Windschutzscheibe geklebten Visierpunkt „Smiley".

Um die richtige Position für den Smiley zu finden, richten Sie das Flugzeug auf die Taxilinie aus, setzen Sie sich in normaler Haltung auf den linken Sitz und schauen Sie in Flugrichtung geradeaus und merken sich, wo die verlängerte Taxilinie den Horizont schneidet.

Kleben Sie nun Smiley so auf die Windschutzscheibe, dass er den anvisierten Schnittpunkt verdeckt.

Da die Lage eines Flugzeuges im Stand etwa der Lage im Reiseflug entspricht, braucht man im Reiseflug den Smiley nur auf dem Horizont zu halten, und die Reisegeschwindigkeit und die Höhe bleiben problemlos konstant. Dies ist viel genauer, als die Höhe des Horizontes über dem Armaturenbrett abzuschätzen.

Den wahren Wert des Smileys erkennt man aber erst recht in Kurven: Hält man den Smiley konstant auf gleicher Position über dem Horizont, so ändern sich auch in der Kurve weder Höhe noch Geschwindigkeit.

Probieren Sie es aus. Sie werden überrascht sein, wie sauber Sie auf einmal Höhe und Geschwindigkeit einhalten können. Man könnte daher den Smiley mit Fug und Recht als „the poor man's head-up display" bezeichnen.

Die exakte Position des Smileys auf der Scheibe ist dabei nicht so wichtig. Sollten Sie beispielsweise feststellen, dass Sie stets ein wenig sinken, halten Sie den Smiley ein paar Millimeter höher. Sie werden feststellen, dass die notwendigen Korrekturen im Bereich weniger Millimeter liegen.

Eine wichtige Voraussetzung müssen Sie aber erfüllen: Sie müssen stets „normal", also parallel zur Hochachse des Flugzeuges sitzen bleiben, sonst verschiebt sich die Blickrichtung durch den Smiley, und Sie machen einen ähnlichen Fehler, wie beim Schauen über die Mitte der Motorhaube.

Diese Position, aufrecht im Flugzeug aber schräg zum Horizont, bereitet manchen Menschen Unbehagen. Man sieht das bisweilen, wenn ein ungeübter Motorradsozius sich in Kurven aufrichtet und versucht, die Lage seines Körpers senkrecht zum Horizont einzuhalten.

Wie auf dem Motorrad soll man auch im Flugzeug unverkrampft und lotrecht zum Fahr- bzw. Flugzeug sitzen und nicht lotrecht zum Horizont.

Sind Sie schon einmal in einem Kettenkarussell mitgefahren? Kein Mensch sitzt da lotrecht zum Horizont, sondern locker und entspannt lotrecht zum Sitz! Warum sollte das dann im Flugzeug für Sie nicht möglich sein?

Gerade anfänglich merkt man oft selbst nicht, dass man seine Lage unbewusst an der Richtung des Horizontes orientiert.

Sie können sich selbst überprüfen, wenn sie ein Buch oder ein hartes Kissen während des Kurvenfliegens mit der Schulter oder dem Kopf an die Seitenscheibe drücken. Wenn der Druck bei Links- und Rechtskurven gleich ist, haben sie die schädliche Gewohnheit abgelegt.

Achten Sie dabei auch auf Ihr „Hosenbodengefühl". Mit zunehmender Übung können Sie dann auch mit geschlossenen Augen erkennen, ob Sie Ihre Kurve ohne Schieben und Rutschen fliegen.

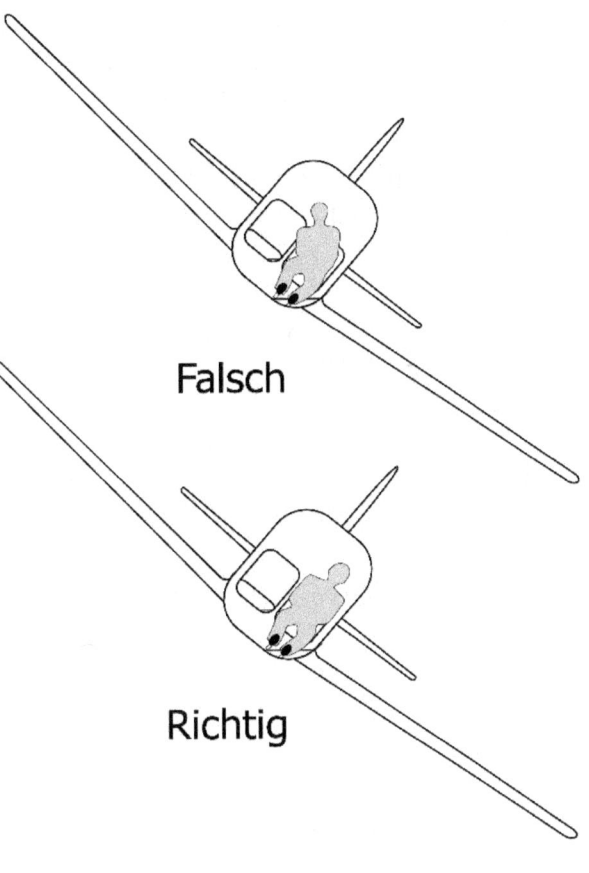

1.4 Das negative Wendemoment

Kommen wir zurück zum Kurvenflug und betrachten das Einleiten einer Kurve.

Mit der Drehung am Steuerhorn wird das kurvenäußere Querruder nach unten, das kurveninnere nach oben ausgeschlagen. Die kurvenäußere Tragfläche entwickelt dadurch mehr, die kurveninnere Tragfläche weniger Auftrieb. Das hat zwei Auswirkungen zur Folge:

- Die Auftriebsdifferenz der beiden Tragflächen bewirkt eine Drehung des Flugzeuges um die Längsachse in die gewünschte Richtung der Kurve.
- Entsprechend mit dem Auftrieb wächst gleichzeitig der induzierte Widerstand an der kurvenäußeren Tragfläche, sinkt jedoch an der kurveninneren. Diese Widerstandsdifferenz erzeugt eine Drehung um die Hochachse entgegen der gewünschten Kurve. Das Flugzeug wird leicht seitlich angeströmt, es „slippt", solange die Querruder ausgeschlagen sind.

Erst wenn der Querruderausschlag beendet wird, entfällt auch die Widerstandsdifferenz, und die Flugzeuglängsachse stimmt wieder mit der Flugrichtung überein. Diese Wirkung ist als „Negatives Wendemoment" bekannt.

Dieses Slippen des Flugzeuges ist umso stärker, je weiter die Querruder ausgeschlagen werden.

Besonders deutlich wird das in schnell eingeleiteten Steilkurven: Beim Einleiten der Kurve ohne Seitenruder bewegt sich die Flugzeugnase nach außen, was bei größeren Schräglagen bedeutet, dass die Flugzeugnase nach oben zeigt.

Das Flugzeug steigt anfänglich, verliert dadurch an Geschwindigkeit, dann senkt sich die Flugzeugnase, die Geschwindigkeit nimmt zu, die Höhe allerdings ab.

Instinktiv versucht der Pilot dann, durch Ziehen die Höhe zu halten. Dies aber führt lediglich dazu, dass die Kurve enger wird. Je enger die Kurve, umso größer wird die Geschwindigkeit der kurvenäußeren gegenüber der kurveninneren Tragfläche, und die Schräglage nimmt zu. Also muss der Pilot wieder korrigieren. Aus solchen Ausgangspositionen saubere Steilkurven mit konstanter Höhe zu fliegen ist fast unmöglich.

Video „unkoordiniert eingeleitete Kurve"

Wollen Sie diese unangenehmen Gierbewegungen vermeiden, müssen Sie das negative Wendemoment mit dem Seitenruder ausgleichen. Dieses können Sie nur erreichen, wenn Sie **gleichzeitig** mit dem Querruderausschlag das Seitenruder in die gleiche Richtung betätigen.

Ist die gewünschte Schräglage erreicht, sollten Sie die Ruder während des gesamten Kurvenfluges annähernd neutral halten. Wollen Sie die Kurve beenden, müssen Sie das Flugzeug lediglich um seine Längsachse zurück in die horizontale Fluglage drehen.

Das klingt aber leichter als es ist: Auch beim Ausleiten wirkt sich das negative Wendemoment aus. Also sind hier ebenfalls sowohl Quer- als auch Seitenruder gleichzeitig zu betätigen und so lange ausgeschlagen zu halten, bis die Tragflächen des Flugzeuges wieder waagerecht stehen.

Im Prinzip klingt das eigentlich noch relativ einfach.

Unglücklicherweise hängt aber diese notwendige Koordination von Seiten- und Querruder auch noch von der Geschwindigkeit des Flugzeuges ab und wird zusätzlich von der Motorleistung beeinflusst.

Wollen Sie all diese Faktoren bewusst beim Steuern eines Flugzeuges einbeziehen, wird das Fliegen zur harten Arbeit.

Um es wie im Schlaf beherrschen zu lernen, ähnlich wie das Kuppeln und Schalten beim Autofahren, müssen Sie trainieren, damit Sie ohne Nachdenken koordinierte Kurven fliegen können.

Dazu sollen die folgenden Übungen dienen.

Video „koordiniert eingeleitete Kurve"

1.5 Koordinationsübung Dutch Rolls

Dutch Rolls sind kleine Gier- und Rollbewegungen (Oszillieren um Hoch- und Längsachse), die häufig in abgeschwächter Form bei großen Passagiermaschinen auftreten. Sie sind meist konstruktiv bedingt.

Auch die große Massenträgheit dieser Flugzeuge um die Hochachse trägt zu solchen ungewollten Schlingerbewegungen bei. Als Passagier kann man dieses Phänomen besonders bei guter Sicht beobachten: Die Tragflächenspitze beschreibt vor dem Horizont kleine Ellipsen.

Bei unseren Dutch Rolls wollen wir bewusst Rollbewegungen um die Längsachse des Flugzeuges ausführen, aber das Gieren vermeiden.

Sie drehen das Steuerhorn wie beim Einleiten einer Kurve nach links. Sobald eine Schräglage von etwa 20 Grad erreicht ist, drehen Sie das Steuerhorn nach rechts, bis Sie wieder eine Schräglage von etwa 20 Grad erreicht haben, dann wieder nach links und so fort.

Video „unkoordinierte Dutch Rolls"

Sie werden feststellen, dass bei diesem Manöver die Flugzeugnase mehr oder weniger heftig entgegengesetzt der Schräglage erst nach rechts und dann nach links giert. Nach wenigen Schräglagewechseln wir Ihnen vermutlich übel.

Diese Schlingerbewegungen werden durch das negative Wendemoment verursacht, das Sie nun mithilfe des Seitenruders kompensieren sollen. Bewegen Sie also nun also Quer- **UND** Seitenruder, und zwar

gleichzeitig,

gleichsinnig,

gleichmäßig.

Der Seitenruderausschlag muss exakt so bemessen werden, dass sich der Punkt am Horizont, den Sie über den Smiley anvisieren, weder nach rechts noch nach links bewegt.

Ein großes Hemmnis ist bei dieser Übung die vom Autofahren im Unterbewusstsein verankerte Routine, die Richtung des Fahrzeuges mit dem

Lenkrad zu bestimmen. Jetzt müssen Sie zwar auch das lenkradähnliche Steuerhorn bewegen, allerdings ausschließlich zum Einleiten der Schräglage.

Drehen Sie das Steuerhorn nach links und geben dabei zu viel Seitenruder, wandert die Flugzeugnase nach links aus.

Da Sie aber die Richtung der Flugzeugnase beibehalten wollen, versucht das vom Autofahren geprägte Unterbewusstsein, dieses Auswandern der Flugzeugnase mit dem „Lenkrad" zu korrigieren. Dadurch wird aber die eigentlich gewollte und eingeleitete Drehung um die Längsachse abgebremst und als Folge davon nicht die gewünschte Schräglage erreicht.

Die gleichmäßige Hin- und Herbewegung des Steuerhorns gerät daraufhin ins Stottern - .... und der Pilot zur Verzweiflung.

Um Letzteres zu vermeiden ist es hilfreich, wenn Sie diese Übung anfänglich mit einem zweiten Piloten beginnen, der nur die Querruder gleichmäßig hin- und her bewegt und die Höhe hält. Sie selbst fühlen die Bewegungen des Steuerhorns nur mit und versuchen hauptsächlich, den Smiley mit den Pedalen an einer festen Stelle des Horizontes zu halten.

Fliegen Sie anfänglich nur 4 bis 6 Dutch Rolls, und bringen Sie danach das Flugzeug wieder für ein paar Sekunden in den Horizontalflug. Wenn Sie zu sehr ins Schlingern kommen, nehmen Sie einfach die Füße aus den Pedalen und halten die Tragflächen waagerecht. Nach wenigen Sekunden stabilisiert sich das Flugzeug von allein.

Machen Sie zwischendurch Pausen. Üben Sie nicht länger als 10 Minuten am Stück, sonst verlieren Sie die Lust – oder Ihnen wird übel. Erfahrungsgemäß muss man zwischen 3 und 6 Stunden üben, bis man dieses „Autofahrersyndrom" überwunden hat.

Sie machen sich kaum eine Vorstellung, wie fest das Richtungshalten mit dem Lenkrad im Unterbewusstsein verankert ist. Lassen Sie sich aber nicht entmutigen, wenn es lange dauert. Es dauert lange, und viele meiner Flugschüler waren der Verzweiflung und den Tränen nahe.

Möglicherweise fragen Sie sich irgendwann auch einmal selber: „Warum muss ich mir das alles antun, bisher bin ich doch auch immer ans Ziel gekommen".

Aber üben Sie weiter! Meist ist genau dann der Durchbruch nahe. Urplötzlich funktionieren die Dutch Rolls wie von allein, und Sie wundern sich, warum Sie so lange daran haben arbeiten müssen.

Mit zunehmender Übung und nachlassender Verkrampfung werden Sie feststellen, dass Sie bei der Drehung um die Flugzeuglängsachse nach rechts etwas mehr Seitenruder, bei Drehungen nach links etwas mehr Querruder brauchen, um den Smiley an der gleichen Stelle des Horizontes zu halten. Dies liegt an der Drehrichtung des Propellers nach rechts und der dadurch hervorgerufenen spiralförmigen Luftströmung um das Flugzeug. Perfekt werden Ihre Dutch Rolls daher, wenn Sie bei der Drehung nach rechts etwas stärker das Seitenruder, bei der Drehung nach links etwas stärker das Querruder auslenken.

Beginnen Sie mit moderaten Ruderausschlägen und geringer Geschwindigkeit. Steigern Sie den Schwierigkeitsgrad allmählich. Dutch Rolls können Sie bei einiger Übung sogar mit vollem Querruderausschlag fliegen.

(Besonders beliebt ist das bei einem „Vorbeiflug in strammer Haltung", wenn man sich von seinem Flugplatz verabschiedet, nach einem Überflug in voller Geschwindigkeit hochzieht und nach Absinken der Geschwindigkeit unter die Manövergeschwindigkeit ein paar Dutch Rolls mit großen Schräglagen fliegt. Leider werden solche Überflüge in Deutschland nicht gerne gesehen und ein solcher Überflug kann Ihnen eine Anzeige wegen rücksichtslosen Fliegens einbringen. Fragen Sie also besser vorher nach.)

Video „koordinierte Dutch Rolls"

Sind Ihnen diese Dutch Rolls in Fleisch und Blut übergegangen, können Sie Ihre neu erworbene Fähigkeit ausnutzen, um Kurven sauber koordiniert ein- und auszuleiten:

Sie bringen das Flugzeug mit Seiten- und Querruder in die gewünschte Schräglage und lassen dann mit nahezu neutraler Ruderstellung den Smiley am Horizont entlanglaufen. Etwa 5 bis 10 Grad vor dem gewünschten Kurs leiten Sie die Kurve wieder aus. Auch beim Ausleiten koordinieren Sie Seiten- und Querruder wie bei den Dutch Rolls.

Ihre Passagiere werden es Ihnen danken.

1.6 Das positive Rollmoment

Ähnlich wie beim Querruder hat auch das Seitenruder eine unbeabsichtigte Nebenwirkung:

Betätigen Sie lediglich das Seitenruder, dreht sich das Flugzeug in erster Linie um die Hochachse und fliegt eine Kurve. Die kurvenäußere Tragfläche legt dabei einen geringfügig größeren Weg zurück als die kurveninnere.

Ein größerer Weg in gleicher Zeit bedeutet zwangsläufig eine höhere Geschwindigkeit. Und da bekanntlich eine größere Luftströmung an der Tragfläche einen größeren Auftrieb erzeugt, hebt sich die kurvenäußere Tragfläche, und das Flugzeug geht selbsttätig in eine Schräglage.

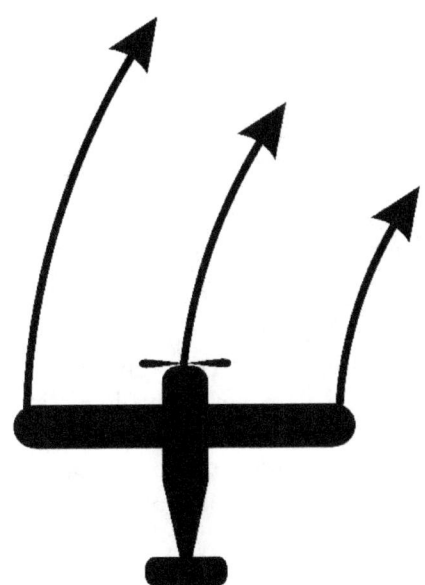

Diese Rollbewegung stimmt mit der gewünschten Richtung der Kurve überein, und so bezeichnet man dieses Verhalten als „**Positives** Rollmoment".

Dieses können Sie nutzen, um kleine Richtungsänderungen auszuführen, zum Beispiel, wenn Sie geringfügig vom Kurs abgekommen sind oder bei einem Instrumentenanflug:

Sie betätigen lediglich das Seitenruderpedal für einige Sekunden nur wenige Millimeter in die gewünschte Richtung, ohne das Querruder zu bewegen. Trotz der fast unmerklichen Auslenkung des Seitenruders ändert sich langsam der Kurs, und das Flugzeug hebt dabei ebenso langsam die kurvenäußere Tragfläche.

Sobald das Flugzeug eine Schräglage von etwa 3 bis 4 Grad eingenommen hat, verringern Sie die Auslenkung des Seitenruders und lassen das Flugzeug eine flache Kurve fliegen. Bei Erreichen des gewünschten Kurses drehen Sie lediglich das Flugzeug wie bei den Dutch Rolls um die Längsachse, bis die Tragflächen wieder horizontal sind.

Der Kurs ändert sich bekanntlich bei sauber geflogenen Dutch Rolls nicht, und so werden Sie mit diesem Verfahren kleinste Kursänderungen präzise mit einer Genauigkeit von einem Grad beherrschen.

Bringt man bei kleinen Schräglagen lediglich das Seitenruder wieder in die Neutralstellung, nimmt das Flugzeug innerhalb kurzer Zeit aufgrund seiner Querstabilität (V-Form der Tragfläche bei Tiefdeckern und/oder die Lage des Schwerpunktes unterhalb der Tragflächen bei Hoch- und Schulterdeckern) die Tragflächen wieder horizontal.

Bei größeren Schräglagen wird allerdings der Kurvenradius des Flugzeuges kleiner und die unterschiedliche Geschwindigkeit von kurvenäußerer und kurveninnerer Tragfläche größer. Damit wird ein nennenswert unterschiedlicher Auftrieb erzeugt, und nun reicht die Querstabilität kaum noch aus, die Schräglage selbsttätig zu beenden.

Ab einer Schräglage von etwa 30 Grad wird die Auftriebsdifferenz so groß, dass sich die Schräglage ohne Ihr Zutun in kurzer Zeit mehr und mehr vergrößert. Der Auftrieb wirkt nun schräg, der vertikale Anteil des Auftriebes wird kleiner und das Flugzeug nimmt die Nase nach unten.

Wenn Sie nicht spätestens jetzt die Tragflächen beherzt wieder horizontal nehmen, kommen Sie in eine Steilspirale, bei der die Geschwindigkeit rapide zunimmt.

Diese bei größeren Schräglagen mangelnde Stabilität um die Längsachse dürfte die Ursache für so manchen Unfall sein, bei dem ein Sichtflieger in Nebel oder Wolken einflog und die Orientierung verlor. Wenn er nun versuchte, die Geschwindigkeit durch Ziehen am Steuerhorn zu verringern, erreichte er damit nur eine deutliche Erhöhung des Lastvielfachen, bis sich das Flugzeug in der Luft zerlegte.

1.7 Koordinationsübung Fish-Tailing

Die folgende Übung wird Ihnen helfen, das von mir als „Autofahrersyndrom" bezeichnete Richtungsändern mit dem Lenkrad loszuwerden.

Wie im vorigen Kapitel erläutert, bewirkt das positive Rollmoment bei einer Seitenruderbetätigung eine Änderung der Schräglage in Richtung der Kurve. Wollen Sie diese kompensieren, also bei einem Seitenruderausschlag die Tragflächen waagerecht halten, müssen Sie die Querruder den Seitenruderpedalen entgegengesetzt betätigen.

Die wechselseitige Betätigung des Seitenruders bei horizontal gehaltenen Tragflächen sieht aus wie die Fortbewegungsart eines Fisches. Darum ist „Fish-Tailing" ein treffender Name für diese Übung.

Sie verfahren folgendermaßen:

Sie treten vorsichtig und langsam wenige Zentimeter in das rechte Seitenruder. Die Nase des Flugzeuges bewegt sich nach rechts und die linke Tragfläche hebt sich.

Nun bewirkt das positive Rollmoment eine Drehung des Flugzeuges um die Längsachse nach rechts. Dem begegnen Sie mit einem Querruderausschlag nach links.

Dieser Querruderausschlag erzeugt aber ein negatives Wendemoment, und die Flugzeugnase dreht sich nach links. Also verstärken Sie den Druck auf das rechte Pedal. Dabei vergrößern sie wieder das positive Rollmoment.

Nun wird eine abermalige Verstärkung des Querruderausschlages erforderlich, um die Tragfläche horizontal zu halten und so weiter und so weiter.

Es dauert einige Sekunden, bis sich ein stationärer Zustand einstellt und das Flugzeug eine Schiebekurve nach rechts fliegt.

Behalten Sie diese Fluglage einige Sekunden bei, und wechseln Sie langsam vom rechten Pedal auf das linke und halten Sie stets die Tragflächen mit dem Querruder horizontal.

Ziel ist, ohne die geringste Drehung um die Längsachse die Flugzeugnase abwechselnd nach rechts und links pendeln zu lassen.

Im Gegensatz zu den Dutch Rolls sind bei dieser Übung die Bewegung von Quer- und Seitenruder weder gleichsinnig noch gleichmäßig noch gleichzeitig, sondern gegensinnig, ungleichmäßig und zeitversetzt.

Auch bei dieser Übung ist anfänglich ein zweiter Pilot hilfreich, der nur die Pedale betätigt. Sie selbst versuchen lediglich, die Tragflächen waagerecht und die Höhe zu halten.

Wie anfänglich erwähnt dient diese Übung ebenso wie die Dutch Rolls dazu, dem Unterbewusstsein klar zu machen, dass das Querruder ausschließlich für Schräglagen zuständig ist und das Seitenruder ausschließlich dazu dient, die Flugrichtung zu bestimmen.

Video „Fishtailing"

1.8 Der Geradeausflug

Geradeausfliegen ist die schwierigste Kunstflugfigur!

Dieser paradox erscheinende Satz ist nur leicht übertrieben. Gerade bei böigem Wetter führt Geradeausfliegen ohne Koordination von Seiten- und Querruder zu einem deutlich unruhigeren Flug, ganz abgesehen von der Mehrarbeit.

Nehmen wir einmal an, ein im koordinierten Fliegen ungeübter Anfänger versucht, die Richtung des Flugzeuges ausschließlich mit dem „Lenkrad" zu halten und eine kleine Bö hebt die rechte Tragfläche.

Aufgrund der Schräglage geht das Flugzeug in eine leichte Linkskurve. Der ungeübte Pilot dreht das Steuerhorn nach rechts, um die Tragflächen wieder in die horizontale Lage zu bringen. Das linke Querruder wird nach unten ausgelenkt, der Auftrieb auf der linken Seite wird größer, die linke Tragfläche hebt sich.

Gleichzeitig mit dem Auftrieb wird aber auch der induzierte Widerstand an der linken Tragfläche größer, sie bleibt zurück und das Flugzeug ändert den Kurs noch weiter nach links.

Sobald die Tragflächen wieder in horizontaler Lage sind und der Pilot den Querruderausschlag zurücknimmt, hört die Linksdrehung des Flugzeuges auf. Nur hat sich der Kurs nach links geändert hat und der Pilot versucht jetzt, sein Flugzeug wieder in die gewünschte Richtung zu bringen.

Er dreht also sein „Lenkrad" abermals nach rechts, was an der linken Tragfläche einen erneuten Querruderausschlag nach unten zur Folge hat. Der Widerstand der linken Tragfläche wird wieder größer, sie bleibt etwas zurück und der Kurs verändert sich kurzzeitig noch weiter nach links.

Allerdings hat das Flugzeug jetzt eine Schräglage nach rechts, wodurch der Flugzeugrumpf von schräg rechts angeströmt wird.

Da die größere Fläche des Rumpfes hinter dem Schwerpunkt liegt, dreht das Flugzeug wie eine Wetterfahne nach rechts, es slippt nach rechts, und zwar so lange, wie die Querruder ausgelenkt sind.

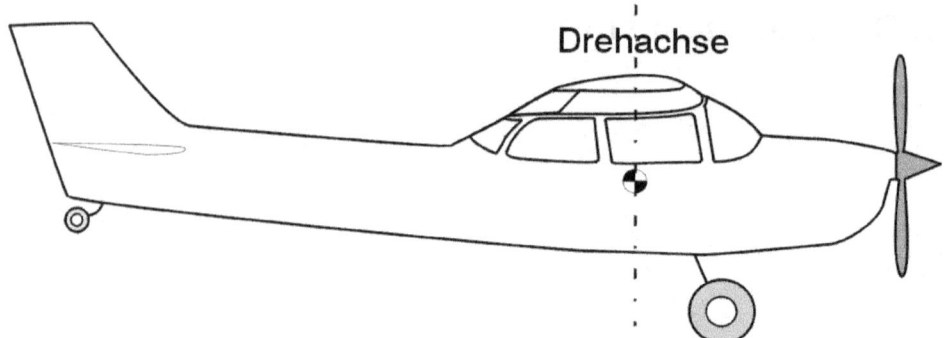

Sobald die gewünschte Schräglage erreicht ist, beendet der Pilot die Schräglage und damit endet auch das Slippen und das Flugzeug fliegt eine normale Kurve.

Nach kurzer Zeit ist die gewünschte Richtung erreicht, der Pilot ist zufrieden und beendet nun die Schräglage, indem er das Steuerhorn aus der Neutrallage nach links dreht.

Leider bewirkt das negative Wendemoment wieder eine unerwünschte Richtungsänderung, diesmal bleibt die rechte Tragfläche zurück, und das Flugzeug ändert seinen Kurs nach rechts.

Nun muss der Pilot den Kurs wieder nach links korrigieren und so weiter und so weiter.... Dieses Spiel wiederholt sich einige Male mit abnehmender Amplitude.

Die Richtung allein mit den Querrudern zu halten erfordert also dauernde Korrekturen, die wieder korrigiert werden müssen. Der Flug wird dabei nur unruhiger und das Schaukeln deutlich stärker, als wenn der Pilot gar nichts unternähme. Diese als "pilot induced turbulence" oder "Cessnafahren" bezeichnete Art des Fliegens bedeutet nur unnötige Mehrarbeit.

Die richtige Methode ist viel einfacher:

Hebt eine Bö eine Tragfläche, nehmen Sie die Tragfläche mit Quer- und Seitenruder wieder horizontal, ähnlich wie bei der „Dutch Rolls"-Übung.

Ist lediglich eine Kurskorrektur notwendig ist das Verfahren noch viel einfacher:

Ein leichter Druck auf das Seitenruderpedal bringt das Flugzeug problemlos zurück zum gewünschten Kurs. Die dabei durch das positive Rollmoment verursachte geringfügige Schräglage beenden Sie einfach mit einer koordinierten Drehung um die Längsachse (siehe Dutch Rolls).

Übrigens: jede zusätzliche Steuerbewegung lässt die betreffende Steuerfläche in die Luftströmung ragen und vergrößert damit unnötig den Widerstand. Entfallen verzichtbare Steuerbewegungen, fliegt das Flugzeug schneller.

Noch eine kleine Anmerkung für den Fall, dass Sie bei heftiger Turbulenz fliegen müssen:

Böen schnell und heftig auszugleichen ist wenig sinnvoll.

- Erstens kommt die nächste Bö höchstwahrscheinlich in die entgegengesetzte Richtung, dann erübrigt sich der Ausgleich von selbst, und zweitens
- je stärker die Ruderausschläge, umso stärker sind auch die Drehbeschleunigungen um die entsprechenden Achsen.

Sie sollten daher auf eine Bö zwar sofort reagieren, jedoch nur mit einer Steuerbewegung, die für eine Rückkehr zur Normallage mindestens ein bis zwei Sekunden erfordert, sonst fügen Sie zu dem einem Schubs der Turbulenz einen zweiten, möglicherweise noch heftigeren in entgegengesetzter Richtung hinzu und verstärken so den Eindruck der Turbulenz.

1.9 Geradeausflug mit hängender Fläche

Diese Übung ist nichts Anderes als ein Sideslip und setzt die Beherrschung der vorigen Koordinationsübungen voraus.

Sie zielen mit dem Smiley auf einen Punkt am Horizont und senken die linke Tragfläche um 3 bis 5 Grad.

Das negative Wendemoment verhindert anfänglich eine Kursänderung nach links. Die Schräglage führt aber zu einer geringfügigen seitlichen Anströmung des Rumpfes von links.

Damit ändert sich der Kurs nach links (siehe „Wetterfahne" im vorigen Kapitel). Dieser Tendenz begegnen Sie mit einem Druck auf das rechte Pedal.

Das positive Rollmoment bewirkt nun, dass sich die linke Tragfläche hebt. Um die gewünschte Schräglage beizubehalten, müssen Sie den Querruderausschlag nach links verstärken.

Der größere Querruderausschlag verstärkt momentan das negative Wendemoment und verringert damit kurzzeitig eine Richtungsänderung nach links. Doch dann überwiegt der Slip und dies führt zu einer stärkeren Linkstendenz, der Sie mit einem verstärkten Ruderausschlag nach rechts begegnen müssen.

Es dauert zehn bis zwanzig Sekunden, bis Sie eine stabile Schräglage ohne Kursänderung halten können.

Halten Sie diese Fluglage einige Sekunden bei.

Dann ändern Sie die Schräglage nach rechts.

Dazu drehen Sie das Flugzeug um die Längsachse wie Sie es von den Dutch Rolls bereits kennen mit Seiten- und Querruder.

Da das Seitenruder bereits nach rechts ausgelenkt ist, müssen Sie nur das Querruder nach rechts auslenken, die Pedale können vorerst in ihrer Stellung bleiben.

Nach Erreichen der gewünschten Schräglage beginnt die Flugzeugnase langsam, sich nach rechts zu bewegen.

Erst jetzt nehmen Sie den bisherigen rechten Seitenruderausschlag zurück und treten langsam in das linke Seitenruderpedal.

Jetzt wiederholt sich das Spiel von Neuem, nur auf der anderen Seite.

Diese Übung sollten Sie erst angehen, wenn Sie Dutch Rolls und Fish Tailing beherrschen, anderenfalls sind Sie in kürzester Zeit frustriert. Das Flugzeug scheint nie willens zu sein, das zu machen, was es soll. Mit zunehmender Übung wird es Ihnen aber gelingen, auch mit leicht hängender Fläche geradeaus zu fliegen.

Auch wenn Ihnen diese Übung unnötig schwierig erscheint, so ist sie doch äußerst sinnvoll: Die Beherrschung derselben ist die wichtigste Voraussetzung für gute Seitenwindlandungen.

Wichtig: Bewegen Sie Seiten- und Querruder nur äußerst laaangsam! Nur so haben Sie genügend Zeit, die Auswirkungen Ihrer Steuerbewegungen zu erkennen und benutzen das richtige Steuerorgan zu notwendigen Korrekturen.

Video „Sideslips"

1.10 Anstellwinkel und Auftrieb

Bisher haben wir uns nur damit befasst, das Flugzeug in eine gewünschte Richtung zu bringen und in derselben zu halten. Jetzt wollen wir uns um die Höhe kümmern.

Wenn man ein Gewicht, nehmen wir mal einen Kasten Bier, vom Boden auf Tischhöhe heben will, ist das - zumindest physikalisch gesehen - Arbeit, nämlich die Kraft, die dem Gewicht entspricht, multipliziert mit der Höhe, in die man den Kasten hebt.

Nimmt man die Flaschen einzeln aus dem Kasten und stellt sie einzeln auf den Tisch, ist die Arbeit die gleiche, als wenn man den ganzen Kasten nimmt. Nur dauert es viel länger.

Wir sehen also: Verrichtet man die Arbeit in einer bestimmten Zeit, ist das eine Leistung. Je kürzer die Zeitspanne, umso größer die vollbrachte Leistung. Man kennt das auch noch aus der Schulzeit, bei der die Klassenarbeit auch in einer eng begrenzten Zeit abzuliefern war und diese Leistung beurteilt wurde.

Auch um ein Flugzeug innerhalb einer begrenzten Zeit auf eine bestimmte Höhe zu bringen, benötigt es eine Leistung.

Setzen wir einmal ruhige Luft voraus, so beziehen unsere Flugzeuge diese Leistung aus dem Motor. Damit ist völlig zu Recht anzunehmen, dass mit größerer Motorleistung in kürzerer Zeit eine größere Höhe erreicht werden kann.

Ist das Flugzeug einmal in der gewünschten Höhe angelangt, muss der Motor lediglich noch den Luftwiderstand überwinden, der die Bewegung des Flugzeuges mehr oder weniger stark bremst.

Fliegt man schneller, wird auch der Luftwiderstand größer. Damit ist ebenfalls völlig zu Recht anzunehmen, dass mit größerer Motorleistung auch eine höhere Geschwindigkeit erreicht werden kann.

Bis hierher ist alles einleuchtend und klar: Größere Motorleistung bedeutet sowohl höhere Steigrate als auch größere Geschwindigkeit.

Wie auch die Praxis zeigt, kann man unter Verzicht einer großen Steigrate eine höhere Geschwindigkeit während des Steigfluges erreichen, ebenso wie man unter Verzicht hoher Geschwindigkeit eine größere Steigrate erzielen kann.

Weiterhin bedeutet das auch, dass man Höhe und Geschwindigkeit innerhalb gewisser Grenzen austauschen kann: Ein paar hundert Fuß Höhe kann man in kurzer Zeit in eine beträchtliche Geschwindigkeit umwandeln. Ebenso verliert das Flugzeug in kurzer Zeit eine beträchtliche Geschwindigkeit, wenn man am Höhensteuer zieht, das Flugzeug die Nase nach oben nimmt und Höhe gewinnt.

Jede Achterbahn auf einem Volksfest bietet da einen höchst anschaulichen Unterricht: Man kann sehr eindrucksvoll erleben, wie aus Höhe Bewegungsenergie gewonnen und anschließend wieder in Höhe umgesetzt wird.

Die Achterbahn zeigt aber auch, dass die Fahrt irgendwann ein Ende hat. Das liegt am Roll- und Luftwiderstand, der besonders bei höherer Geschwindigkeit die Bewegungsenergie in Luftwirbel und Wärme umwandelt.

Ähnlich verhält es sich beim Flugzeug. Dem Luftwiderstand der Achterbahn entspricht der parasitäre Widerstand des Flugzeuges. Dieser steigt mit dem Quadrat der Geschwindigkeit und ist primär nur abhängig von der Größe und Güte, von Formgebung und Oberfläche des Flugzeuges. So erzeugen große Flugzeuge mit vielen in der Luftströmung liegenden Nieten und Verstrebungen mehr Widerstand als kleine Flugzeuge mit glatter Oberfläche.

Wie verhält es sich aber mit dem Widerstand der Tragflächen?

Der Weg der Achterbahn wird bestimmt durch die Formgebung der Führungsschienen, auf der die Wagen rollen. Das Flugzeug kann sich jedoch frei in der Luft bewegen und hat außer der Luft keinerlei Hilfen, die der Schwerkraft entgegenwirken. Das Flugzeug muss sich also gewissermaßen auf der Luft abstützen.

Kommen wir noch einmal zurück zu unserem Kasten Bier: Um diesen in der Höhe zu halten, benötigen wir Kraft.

Stellen wir den Kasten auf dem Tisch ab, so hört unser Kraftaufwand auf, dafür wird aber der Tisch mit dem Gewicht des Kastens belastet, bringt also an unserer Stelle diese Kraft auf.

Wer aber hält unser Flugzeug in der Luft? Natürlich die Luft selber. Aber wie macht sie das?

Ich will hier gar nicht in die Strömungslehre von Bernoulli einsteigen Die Frage, wie die einzelnen Luftpartikel eine Fläche umströmen ist zwar interessant, aber für den Laien nur sehr schwer nachvollziehbar.

Daher vereinfachen wir einmal das Problem unter dem Aspekt des von Isaac Newton gefundenen Grundgesetzes der Mechanik: Kraft ist gleich der Masse mal ihrer Beschleunigung.

Obwohl die Luft so leicht ist, hat sie eine Masse (unter Normbedingungen etwa 1,3 kg pro Kubikmeter). Um diese Masse zu beschleunigen, benötigt man eine Kraft.

Beschleunigt man nun mit einer großen Fläche eine bestimmte Luftmasse nach unten, wirkt eine entgegengesetzte gerichtete gleich große Reaktionskraft auf diese Fläche nach oben.

Da die Luft, wie bereits erwähnt, relativ leicht ist, wird ein großes Luftvolumen benötigt, um eine nennenswerte Reaktionskraft zu erzeugen. Dazu hat ein Flugzeug große Tragflächen, die das erforderliche große Luftvolumen nach unten beschleunigen können.

Doch nicht nur die Luftmasse ist ausschlaggebend. Je größer deren Beschleunigung, umso größer ist auch die Reaktionskraft. Fliegt das Flugzeug also schnell, so ist die Beschleunigung der von der Tragfläche abwärts abgedrängten Luft groß.

Fliegt das Flugzeug dagegen recht langsam, ist auch die abwärts gerichtete Beschleunigung der Luftmasse recht klein.

Um in diesem Falle die erforderliche aufwärts gerichtete Kraft, also den Auftrieb, doch noch zu erzielen, muss die nach unten beschleunigte Luftmenge vergrößert werden. Dies wird mit einem vergrößerten Anstellwinkel erreicht. (Anstellwinkel = Winkel zwischen Luftströmung und Profilsehne, Profilsehne = Linie vom vordersten zum hintersten Punkt des Tragflächenquerschnitts.)

Wie dramatisch sich der Auftrieb aufgrund der abwärts beschleunigten Luft in Abhängigkeit vom Anstellwinkel ändert, können Sie leicht beim Autofahren ausprobieren: Halten Sie einmal während der Fahrt die Hand aus dem geöffneten Fenster. Solange Sie die Handfläche waagerecht halten, ist der nach hinten gerichtete Luftwiderstand relativ gering.

Halten Sie die Hand in einem Anstellwinkel von etwa 10° nach oben in die Luftströmung, so wird die Hand nicht nur nach hinten, sondern auch nach oben gedrückt. Mit zunehmendem Winkel wird auch die aufwärts gerichtete Kraft größer. Ab einem Winkel von 20 bis 30° wird diese wieder deutlich kleiner, dafür steigt aber der Anteil der nach hinten gerichteten Kraft, der Luftwiderstand, deutlich an.

Da der Auftrieb eines Flugzeuges für einen horizontalen Flug stets seinem Gewicht gleich sein muss, liegt auf der Hand, dass bei großen Anstellwinkeln bereits kleine Geschwindigkeiten ausreichen, das Flugzeug zu tragen, kleine Anstellwinkel aber eine große Geschwindigkeit erfordern.

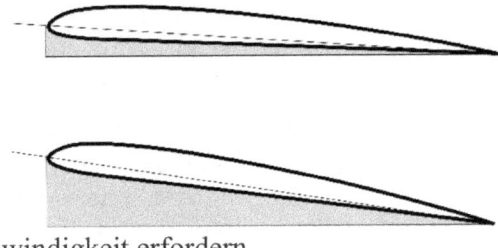

Ein Militärjet mit seinem hohen Gewicht und den kleinen Tragflächen benötigt demnach eine sehr hohe Geschwindigkeit, um nicht aus der Luft zu fallen. Auch die kleine „Tragfläche" eines Hubschraubers erzeugt nur durch die hohe Geschwindigkeit der Rotorblätter die notwendige Kraft, die den Hubschrauber trägt.

Wie wir beim Autofahren mit der Hand aus dem Fenster feststellen konnten, erzeugt ein großer Anstellwinkel einen großen, ein kleiner Anstellwinkel einen kleinen Luftwiderstand. Da dieser Luftwiderstand durch die Auftriebserzeugung hervorgerufen (induziert) wird, bezeichnet man ihn auch als „induzierten Widerstand".

Sie können sich den Zusammenhang veranschaulichen, wenn Sie sich die Silhouette eines horizontal fliegenden Flugzeuges als Schatten gegen eine senkrecht stehende Wand vorstellen: Fliegt das Flugzeug mit kleinem Anstellwinkel, ist der Schatten der Tragfläche nur ein schmaler Strich. Bei großem Anstellwinkel ist der Schatten der Tragfläche ein „breites" Band.

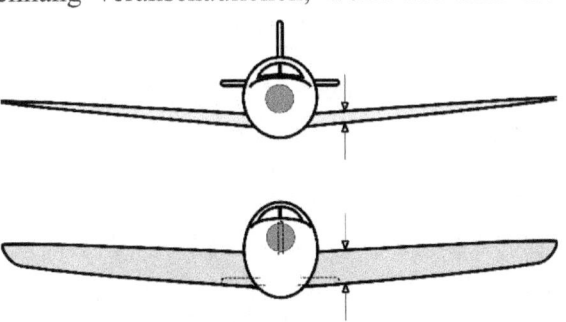

So ist leicht vorstellbar, dass bei großen Anstellwinkeln nicht nur der Auftrieb, sondern auch der induzierte Widerstand erheblich zunimmt.

Die Tragflächen werden nun so profiliert, dass sich der Auftrieb mit zunehmendem Anstellwinkel deutlich, der Luftwiderstand aber nur moderat vergrößert.

Erst ab etwa 16° Anstellwinkel vergrößert sich der Luftwiderstand erheblich, während der Auftrieb sinkt. Hier sind die Strömungsgesetze von Bernoulli gefragt.

Da wir aber keine Tragflächenprofile und Flugzeuge konstruieren wollen, sondern nur damit fliegen, soll uns der Herr Bernoulli nicht weiter interessieren und wir kommen zum eigentlichen Thema zurück.

Wir haben also festgestellt: Fliegt ein Flugzeug schnell, benötigt es nur einen kleinen Anstellwinkel und die Tragfläche induziert wenig Widerstand. Durch die hohe Geschwindigkeit wird dabei die Luft von der Tragfläche stark nach unten beschleunigt und erzeugt so die notwendige Auftriebskraft. Fliegt ein Flugzeug hingegen langsam, ist die Beschleunigung der Luftmasse kleiner. Also muss die von der Tragfläche abwärts beschleunigte Luftmasse deutlich größer sein, um den gleichen Auftrieb zu erzeugen.

Diese Luftmasse, der „Downwash", wird durch die umgebende Luft abgebremst. Die in ihr enthaltene Energie verliert sich in Luftwirbel.

In diesem Zusammenhang wird auch der Bodeneffekt leicht verständlich: Fliegt nämlich ein Flugzeug sehr niedrig, kann sich dieser Downwash nicht ungehindert nach unten bewegen, sondern die Luft wird komprimiert. Sie ist dadurch also dichter.

Dichtere Luft enthält mehr Masse je Volumeneinheit, benötigt also zum Erzeugen der gleichen Auftriebskraft eine geringere Beschleunigung.

Geringere notwendige Beschleunigung ist gleichbedeutend mit geringerem Anstellwinkel. Das Flugzeug kann also in Bodennähe mit kleinerem Anstellwinkel geflogen werden als in größerer Höhe.

Ein kleinerer Anstellwinkel bedeutet aber auch einen geringeren induzierten Luftwiderstand (siehe oben). Ein Flugzeug im Bodeneffekt benötigt daher weniger Antriebsenergie und kann mit geringerer Motorleistung fliegen - oder ohne Antrieb eine weitere Strecke gleiten als in ein paar Metern Höhe.

Untersuchungen haben gezeigt, dass der induzierte Widerstand bei einer Höhe von einem Zehntel der Tragflächenspannweite um 60 Prozent sinkt, bei einem Fünftel der Spannweite immerhin noch um 30 Prozent.

Weiterhin kann ein Flugzeug bei gleichem Anstellwinkel im Bodeneffekt langsamer fliegen als in der Höhe. So kann ein Flugzeug unterhalb der normalen Überziehgeschwindigkeit vom Boden abheben. Sobald man es aber ohne Fahrt aufzunehmen aus dem Bodeneffekt herauszwingt, wird es wieder zurückfallen und, wenn es dabei eine nennenswerte Sinkrate aufnimmt, auf die Bahn knallen.

Aber kommen wir zurück zum Anstellwinkel in normaler Flughöhe, also außerhalb des Bodeneffektes.

Betrachten wir das Foto eines Flugzeuges über einer Landschaft, so können wir lediglich bestimmen, welche Lage das Flugzeug in Bezug auf die Erdoberfläche hat. Es ist bestenfalls eine Annahme, wenn wir glauben, dass sich das Flugzeug im horizontalen Reiseflug befindet, also mit kleinem Anstellwinkel fliegt.

Das Flugzeug könnte bei gleicher Fluglage recht langsam fliegen. In diesem Falle wäre der Auftrieb zu klein, um das Flugzeug in seiner Höhe zu halten: Es würde nach unten sinken. Damit wäre aber die Flugbahn nach unten geneigt und die Luftströmung an der Tragfläche nicht mehr horizontal, sondern der Flugbahn entgegengesetzt, also schräg nach oben gerichtet. Der Anstellwinkel an der Tragfläche (und damit die abwärts beschleunigte Luftmasse) wäre größer und der Auftrieb wieder dem Gewicht gleich.

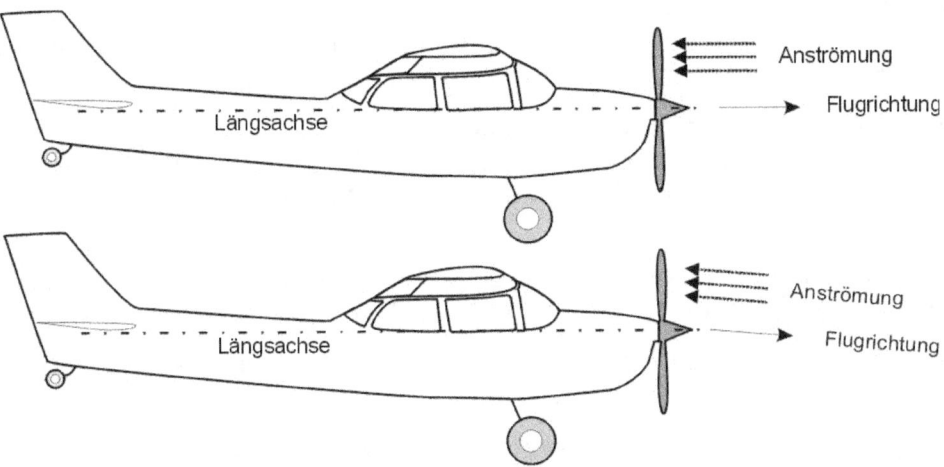

Bei diesem Gedankenexperiment haben wir nicht berücksichtigt, dass jede Änderung der Geschwindigkeit nicht nur eine andere Motorleistung, sondern auch eine andere Stellung des Höhenruders erfordert. Darum fragen wir jetzt einmal, was passiert, wenn wir während des Horizontalfluges plötzlich am Höhensteuer ziehen.

Wir stellen uns vor, wir seien im Reiseflug. Die Motorleistung sei konstant, ebenso die Höhe wie auch die Geschwindigkeit.

Jetzt ziehen wir beherzt am Höhensteuer. Das Flugzeug nimmt die Nase nach oben und erhält dadurch, weil es sich im ersten Moment noch auf der gleichen horizontalen Flugbahn bewegt, einen größeren Anstellwinkel.

Die nach unten beschleunigte Luftmenge wird dadurch spontan vergrößert, der Auftrieb wird größer und das Flugzeug wird nach oben beschleunigt - es bewegt sich mit zunehmender Steigrate nach oben. Da der Anstellwinkel so lange größer ist, wie das Höhensteuer gezogen bleibt, nimmt das Flugzeug die Nase höher und höher.

Das Flugzeug würde theoretisch einen Looping fliegen, solange das Höhensteuer gezogen bleibt. Doch erinnern wir uns an die Achterbahn: Die Geschwindigkeit nimmt rapide ab und es wird nichts aus einer Kunstflugfigur.

Mit abnehmender Geschwindigkeit sinkt auch der anfängliche vergrößerte Auftrieb so lange, bis er wieder genauso groß ist, wie das Gewicht des Flugzeuges. Damit wird ein neuer stationärer Zustand erreicht. Aus dem Horizontalflug wird bei gleicher Motorleistung ein Steigflug, der Anstellwinkel wurde größer und die Geschwindigkeit kleiner. Wegen des größeren Anstellwinkels zeigt die Nase des Flugzeuges allerdings weiter nach oben, als es seiner Flugbahn entspricht.

Fassen wir also zusammen: Eine Änderung der Stellung des Höhensteuers bewirkt eine Änderung der Fluglage sowie eine kurzzeitige vertikale Beschleunigung. Dabei bewegt sich die Nase des Flugzeuges in die Richtung, in die das Höhensteuer bewegt wurde.

Je größer der Höhensteuerausschlag, umso größer sind die vertikale Beschleunigung und die Drehgeschwindigkeit um die Querachse.

Wird die neue Position des Höhensteuers beibehalten, stabilisiert sich nach kurzer Zeit ein neuer Flugzustand.

Bei jedem stationären Flugzustand (das Flugzeug fliegt unbeschleunigt geradeaus) ist also jeder Geschwindigkeit eine bestimmte Stellung des Höhenruders und damit ein bestimmter Anstellwinkel zugeordnet. Dabei ist unerheblich, ob sich das Flugzeug im Steigflug, Sinkflug oder Reiseflug befindet.

1.11 Pitch Attitude

In modernen Turbinenflugzeugen wird der Anstellwinkel mit einem speziellen Fühler gemessen und auf einem Instrument im Cockpit angezeigt. Auch für kleinere Maschinen werden in letzter Zeit „AOA-Indicators" zum Nachrüsten angeboten. Wir können uns aber anderweitig behelfen.

Betrachten wir wieder das Flugzeug im Horizontalflug. Wie wir eben festgestellt haben, ist jeder Geschwindigkeit ein bestimmter Anstellwinkel zugeordnet. (Wenn wir mit konstanter Höhe fliegen, ist der Anstellwinkel der Höhe des Smileys über dem Horizont proportional.)

Bezeichnen wir die Position des Smileys über dem Horizont mit der griffigen englischen Bezeichnung Pitch Attitude, so ist eine große Pitch Attitude (Smiley deutlich über dem Horizont) gleichbedeutend mit einer geringen Geschwindigkeit, eine kleine Pitch Attitude (Smiley nahe oder unter dem Horizont) gleichbedeutend mit einer hohen Geschwindigkeit. Immer vorausgesetzt, wir halten die Höhe und fliegen horizontal.

Im wirtschaftlichen Geschwindigkeitsbereich, also oberhalb der Geschwindigkeit geringsten Sinkens, bedeutet eine hohe Geschwindigkeit aber gleichzeitig auch einen großen parasitären Luftwiderstand und damit eine große Motorleistung. Geringere Geschwindigkeiten erfordern kleinere Motorleistung.

Da jeder Geschwindigkeit sowohl eine eindeutige Pitch Attitude als auch eine definierte Motorleistung zugeordnet ist, kann man aus Motordrehzahl und Position des Smileys auf die Geschwindigkeit im Horizontalflug schließen, mit anderen Worten: Kennt man die zugehörige Drehzahl, kann man an der Position des Smileys über dem Horizont auf die Geschwindigkeit ablesen.

Betrachten wir wieder unser Flugzeug. Es befindet sich im Reiseflug. Nun verringern wir in Gedanken die Pitch Attitude um einen bestimmten Betrag und lassen die Motorleistung konstant. Die Geschwindigkeit wird zunehmen, allerdings wird das Flugzeug sinken.

Nach kurzer Zeit wird sich ein neuer Flugzustand stabilisieren, nämlich ein Sinkflug mit erhöhter Geschwindigkeit.

Wir notieren die Vorwärts- und Sinkgeschwindigkeit und nehmen wieder die vorige Pitch Attitude des Horizontalfluges ein. Nach kurzer Zeit werden alle Werte des Horizontalfluges wieder erreicht sein.

Verringern wir erneut die Pitch Attitude um den gleichen Betrag wie vorhin, werden wir nach Stabilisierung des Flugzustandes die gleichen Werte für Sinkrate und Geschwindigkeit erhalten.

Der Zusammenhang zwischen Pitch Attitude, Sinkrate und Geschwindigkeit ist bei konstanter Motorleistung eindeutig reproduzierbar.

Nun machen wir ein zweites Experiment: Wir behalten die Pitch Attitude bei, reduzieren aber diesmal die Motorleistung auf einen bestimmten Wert. Das Flugzeug wird abermals sinken, die Geschwindigkeit wird aber diesmal kleiner.

Auch jetzt notieren wir die Werte für Sinkrate und Geschwindigkeit. Dann erhöhen wir die Motorleistung wieder auf den Wert des Reisefluges.

Auch in diesem Falle werden sich alle Werte des Horizontalfluges nach kurzer Zeit wiedereinstellen. Reduzieren wir abermals die Motorleistung und halten die Pitch Attitude, so werden auch bei diesem Experiment die vorher notierten Werte für Geschwindigkeit und Sinkrate erreicht.

Ein ähnlich reproduzierbares Verhalten werden wir finden, wenn wir die Pitch Attitude oder die Motorleistung vergrößern.

Pitch Attitude, Motorleistung, horizontale und vertikale Geschwindigkeit hängen also immer in einem festen Verhältnis voneinander ab.

Die Pitch Attitude ist jedoch nicht durch einfaches Ziehen oder Drücken zu erreichen. Wie wir eben festgestellt haben, beginnt das Flugzeug eine Drehung um die Querachse nach oben, sobald Sie am Höhensteuer ziehen.

Aufgrund seiner Trägheit wird das Flugzeug die neue Pitch Attitude nicht sofort einnehmen, sondern um dieselbe mit abnehmender Amplitude auf und ab oszillieren. Sie können daher mit dem Höhensteuer nur eine Drehgeschwindigkeit einstellen.

Wollen Sie also eine definierte Pitch Attitude einstellen, müssen Sie zunächst eine Drehgeschwindigkeit um die Querachse einleiten, diese aber zum richtigen Zeitpunkt wieder beenden.

Erschwerend kommt hinzu, dass sich bei jeder Änderung der Geschwindigkeit auch die erforderliche Kraft am Höhensteuer ändert (siehe Kapitel „Trimmung").

Wollen Sie also die Pitch Attitude vergrößern, müssen Sie zunächst am Höhensteuer ziehen.

Sobald Sie aber die gewünschte Pitch Attitude erreicht haben (gleichbedeutend mit der Position des Smileys am Horizont) müssen Sie den Zug am Höhensteuer wieder nachlassen.

Die notwendige Kraft am Höhensteuer ist zunächst fast die gleiche wie vorher, denn die Geschwindigkeit des Flugzeuges hat sich in der kurzen Zeit nicht verändert.

Halten Sie jetzt aber die Position des Smileys für längere Zeit ein, benötigen Sie durch die abnehmende Geschwindigkeit mehr und mehr Kraft und Sie müssen kontinuierlich mehr und mehr ziehen.

Üben Sie daher, den Smiley von einer Position in die andere zu bringen. Dann wird es Sie nicht mehr überraschen, dass Sie das Höhensteuer stetig bewegen müssen, um den Smiley in seiner Position zu halten.

Die Beherrschung dieser Übung ist eine wesentliche Voraussetzung für die Landung (siehe Kapitel „Abfangen" und „Ausschweben und Landen").

Video „Ändern der Pitch Attitude"

1.12 Der Smiley als Fahrtmesser

Diese im vorigen Kapitel gewonnenen Erkenntnisse können wir nutzen, um unser Flugzeug besser zu beherrschen. Wir müssen nur wissen, um wie viel zum Beispiel die Pitch Attitude verändert werden muss, um die Geschwindigkeit um einen bestimmten Betrag zu erhöhen.

Da die Cessna 172 das meistgeflogene Flugzeugmuster ist, nehmen wir einmal deren Verhalten. Alle Flugzeuge verhalten sich im Prinzip genauso, nur die „Hausnummern" sind anders.

Senkt man bei der Cessna den Smiley um 10 Zentimeter ab, so steigt die Geschwindigkeit um etwa 10 Knoten.

Hat sich der Flugzustand stabilisiert, beträgt die Sinkgeschwindigkeit etwa 150 Fuß pro Minute. Will man um 20 Knoten schneller fliegen, hält man den Smiley etwa 20 Zentimeter tiefer, sinkt dann allerdings mit etwa 300 Fuß pro Minute.

Allerdings unterscheidet sich die neue Pitch Attitude in zweifacher Hinsicht von der Ausgangssituation: Der Anstellwinkel ist kleiner (wir fliegen schließlich schneller) und die Flugbahn ist nach unten geneigt.

In erster Näherung können wir sagen, dass das Absenken des Smileys zur Hälfte dem kleineren Anstellwinkel und zur anderen Hälfte der geneigten Flugbahn zuzurechnen ist. Beides trägt also mit ungefähr je 5 Zentimetern pro 10 Knoten zur Änderung der Pitch Attitude bei.

Wollen wir also die Geschwindigkeit erhöhen, die Höhe aber beibehalten, müssen wir die Motorleistung erhöhen und **gleichzeitig** den Smiley absenken.

Bei einer Cessna 172 benötigen wir für eine Erhöhung der Geschwindigkeit um 10 Knoten etwa 100 RPM mehr. Fliegen wir also 90 Knoten und wollen auf 100 Knoten beschleunigen, erhöhen wir als erstes die Drehzahl um 100 RPM und senken den Smiley um 5 Zentimeter.

Dieses Absenken des Smileys sollte langsam geschehen: Die Masse des Flugzeuges muss ja erst beschleunigt werden. So dauert es etwa 10 bis 20 Sekunden, bis sich die Geschwindigkeit auf den neuen Wert stabilisiert.

Mit zunehmender Geschwindigkeit und Propellerdrehzahl ändert sich auch die Luftströmung am Höhenleitwerk und vergrößert damit den Abtrieb des Höhenleitwerks.

Folglich muss auch die Trimmung in Richtung kopflastig verstellt werden. Bei 10 Knoten muss man das Trimmrad etwas weniger als einen „Schlag" in Richtung kopflastig drehen, siehe Kapitel „Trimmung".

Das Rezept für eine Erhöhung der Geschwindigkeit um 10 Knoten im Geradeausflug bedeutet also: Drehzahl um 100 RPM erhöhen, Smiley allmählich um 5 Zentimeter absenken und einen „Schlag" in Richtung kopflastig trimmen.

Bei einer Geschwindigkeitsänderung um 20 Knoten, beispielsweise von 80 auf 100, muss man entsprechend die „Hausnummern-Werte" verdoppeln: Drehzahl um 200 RPM erhöhen, den Smiley um 10 Zentimeter absenken und zwei „Schläge" kopflastig trimmen.

Für eine Verringerung der Geschwindigkeit gilt sinngemäß die gleiche Reihenfolge, nur mit umgekehrtem Vorzeichen: Für eine gewünschte Geschwindigkeitsabnahme von 100 auf 80 Knoten reduzieren Sie die Drehzahl um 200 RPM, heben langsam den Smiley 10 cm an und trimmen zwei „Schläge" schwanzlastig.

Sie werden es sicher genießen, dem Flugzeug so weit voraus zu sein: Nach weniger als drei Sekunden haben Sie ja die notwendigen Handgriffe (Motorleistung, Trimmung) gemacht, und Sie brauchen nur noch den Smiley langsam in die richtige Position zu bringen. Alles andere macht das Flugzeug von selbst.

Der Vorteil dabei ist: Sie brauchen nicht jedes Mal zu probieren. Die einmal erflogenen Werte sind immer gleich.

Was im Horizontalflug geht, funktioniert natürlich auch im Sinkflug:

Wollen Sie die Sinkrate beibehalten und die Fahrt von 100 auf 80 Knoten verringern, wenden Sie das gleiche Verfahren an: Drehzahl verringern um 200 RPM, Smiley langsam um 10 Zentimeter anheben, 2 „Schläge" schwanzlastiger trimmen. Der Unterschied gegenüber dem Horizontalflug besteht lediglich in den Ausgangswerten für Drehzahl und Pitch Attitude, die in diesem Falle natürlich kleiner sind.

Wenn Sie sich mit Ihrem Flugzeug die entsprechenden Hausnummern erfliegen, werden Sie ein Phänomen feststellen: Wenn Sie die Motorleistung vergrößern ohne das Höhenruder zu berühren beschleunigt Ihr Flugzeug kurzzeitig auf eine höhere Geschwindigkeit und geht dann in den Steigflug über. Sobald sich nach kurzer Zeit der Steigflug stabilisiert hat und Sie haben die Trimmung nicht verändert, wird Ihr Flugzeug langsamer fliegen als vorher im Reiseflug.

Höhere Motorleistung bedeutet also geringere Geschwindigkeit. Vorausgesetzt das Flugzeug fliegt mit gleicher Trimmung.

Entsprechend fliegt das Flugzeug bei gleicher Trimmung im Sinkflug schneller als im Reiseflug. Verringerte Motorleistung lässt das Flugzeug zwar sinken, dafür aber schneller fliegen.

Die Ursache ist nicht auf den ersten Blick erkennbar. Es erscheint paradox, dass im Gegensatz zum Automobil das Flugzeug durch höhere Motorleistung langsamer, durch geringere Motorleistung aber schneller fliegt.

Bei näherem Hinschauen wird jedoch klar: Der Propellerstrahl, der auf das Höhenleitwerk trifft, wird bei höherer Motorleistung schneller. Höhere Strömungsgeschwindigkeit am Leitwerk bedeutet eine größere abwärts gerichtete Kraft (siehe Kapitel „Trimmung"). Das Flugzeug nimmt daraufhin die Nase höher und die Tragfläche wird unter einem größeren Anstellwinkel angeströmt.

Größerer Anstellwinkel bedeutet aber erhöhten Auftrieb und damit eine kleinere erforderliche Geschwindigkeit: Das Flugzeug wird also langsamer, die überschüssige Leistung wird in Höhe umgesetzt.

Gleiches gilt mit umgekehrtem Vorzeichen im Sinkflug. Der verminderte Propellerstrahl am Höhenleitwerk bedingt eine geringere nach unten gerichtete Kraft - die Geschwindigkeit nimmt zu.

Wollen Sie also Ihre Geschwindigkeit im Steig- oder Sinkflug beibehalten, müssen Sie entweder leichten Druck bzw. Zug auf das Steuerhorn ausüben oder im Steigflug etwas kopflastiger, im Sinkflug etwas schwanzlastiger trimmen als im Horizontalflug. Die Kräfte sind allerdings recht gering und die Zeit im Steig- oder Sinkflug recht kurz, sodass Sie sich das Trimmen sparen können.

1.13 Motordrehzahl und Geschwindigkeit

Wenn Sie nach der im vorigen Kapitel beschriebenen Methode Ihre Geschwindigkeit im Horizontalflug erhöhen, werden Sie beobachten, dass die Motordrehzahl bei einem Propeller mit fester Steigung ohne Ihr Zutun weiter zunimmt, sobald sich die Geschwindigkeit erhöht. Die Ursache ist folgende:

Bei einer gegebenen Geschwindigkeit und konstanter Motorleistung „schaufelt" der Propeller eine bestimmte Menge Luft nach hinten. Steigt nun die Fluggeschwindigkeit, benötigt der Propeller weniger Drehmoment, um die gleiche Menge Luft nach hinten zu befördern. Das Drehmoment entspricht aber der Stellung des Gashebels, und so steigt die Propellerdrehzahl, bis der Propeller den gleichen Luftwiderstand zu überwinden hat wie vorher.

Wird das Flugzeug um 10 Knoten schneller, so dreht der Motor bei gleicher Gashebelstellung etwa 50 RPM mehr.

Fliegen Sie also 90 Knoten und wollen auf 100 Knoten beschleunigen, erhöhen Sie die Drehzahl um 100 RPM (siehe oben), also beispielsweise von 2250 auf 2350 RPM. Hat das Flugzeug aber 100 Knoten erreicht, wird der Motor mit 2400 RPM laufen.

Um von 100 Knoten wieder auf 90 Knoten zu verlangsamen, reduzieren Sie die Drehzahl wieder um 100 RPM, diesmal aber von 2400 auf 2300 RPM. Nach Erreichen der 90 Knoten wird der Motor wieder mit 2250 RPM laufen. Mit anderen Worten: Die absolute Drehzahl hat also noch keine eindeutige Aussagekraft. Erst wenn die Geschwindigkeit stimmt, passt auch die Drehzahl dazu.

Der Einfluss der Fluggeschwindigkeit auf die Motordrehzahl kann sich unangenehm auswirken: Stellen Sie sich vor, Sie fliegen mit passend eingestellter Reiseleistung in der gewünschten Geschwindigkeit, haben aber ohne es zu wollen ein paar hundert Fuß Höhe gewonnen.

Sie wollen auf Ihre ursprüngliche Höhe zurück und versuchen, die Höhe „wegzudrücken". Die Höhe nimmt zwar ab, aber die Geschwindigkeit steigt. Durch die höhere Geschwindigkeit erhöht sich aber auch die Motordrehzahl.

Motorleistung ist bekanntlich Drehzahl multipliziert mit dem Drehmoment. Sie haben letzteres aber nicht geändert (Sie haben ja kein Gas weggenommen), und nun ist die Motorleistung höher als im Reiseflug.

Damit haben Sie aus einer Abweichung drei Abweichungen gemacht: Zusätzlich zu der zu großen Höhe haben Sie jetzt auch eine zu große

Geschwindigkeit und eine zu große Motorleistung. Weiterhin stimmt auch Ihre Trimmung auch nicht mehr, denn diese ist ja auf die ursprüngliche Reisegeschwindigkeit eingestellt. Jetzt kostet es eine Menge Zeit und Konzentration, bis Sie die ursprünglich gewünschte Höhe und Geschwindigkeit wieder stabilisiert haben.

Ähnlich schwer machen Sie sich das Leben, wenn sie durch Ziehen Höhe gewinnen wollen:

Durch das Ziehen verringert sich die Geschwindigkeit, dadurch wird die Motordrehzahl und folglich auch die Motorleistung kleiner. Sie sind also zu tief, zu langsam, haben zu geringe Motorleistung und ein ungetrimmtes Flugzeug.

Korrigieren Sie also generell Ihre Höhe mit der Motorleistung (und der dazu gehörenden Pitch Attitude), und die ganze Problematik ist nahezu gegenstandslos. Wir können daher festhalten:

Die Höhe wird am einfachsten mit der Motorleistung reguliert.

Einen Sonderfall nimmt der Flug bei Turbulenz ein. Es müssen ja nicht gleich Gewitterböen sein, ein typischer Sommertag mit Schönwetter-Cumuli genügt schon. Hier wechseln Auf- und Abwindfelder in so schneller Reihenfolge, dass Sie mit dem Korrigieren von Gas und Pitch Attitude nicht fertig werden.

Bei solchen Bedingungen sklavisch Höhe und Geschwindigkeit halten zu wollen ist schlichtweg unmöglich. Halten Sie einfach nur die Pitch Attitude. Was rauf geht kommt auch wieder runter. Auch wenn Sie dadurch nicht exakt Ihre Flugfläche oder Halbkreishöhe einhalten können, so sind die unvermeidlichen geringfügigen Höhenänderungen unerheblich, unwichtig und ungefährlich. Alle anderen Flugzeuge in Ihrer Nähe sind nämlich gleichermaßen betroffen.

1.14 Die Trimmung

Wenn bei Flugzeugen von Trimmung die Rede ist, bezieht sich das fast immer auf die Höhensteuertrimmung.

Das Höhenruder dient bekanntlich zum Kontrollieren der Flugzeuglage um die Querachse, genaugenommen zum Einstellen des Anstellwinkels der Tragfläche.

Flugzeuge der allgemeinen Luftfahrt werden grundsätzlich eigenstabil konstruiert und gebaut. Das heißt, sie kehren nach einer Störung der Fluglage mehr oder weniger von allein in ihre ursprüngliche Ausgangslage zurück. Um diese Eigenstabilität zu erreichen, wird der Auftriebsmittelpunkt der Tragfläche konstruktiv hinter den Schwerpunkt gelegt.

Damit das Flugzeug die Nase oben behält, muss das Höhenruder abwärts gerichtete Kraft (Abtrieb) erzeugen.

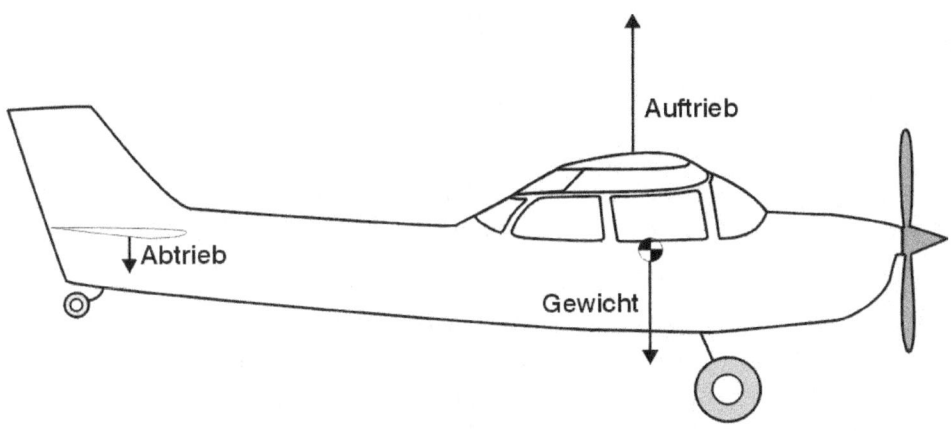

Wie erwähnt benötigt die Tragfläche bei geringerer Geschwindigkeit einen größeren Anstellwinkel, um den erforderlichen Auftrieb zu erzeugen, und so muss auch am Höhenruder bei geringerer Geschwindigkeit ein größerer, in diesem Falle negativer Anstellwinkel eingestellt werden, um die notwendige nach unten gerichtete Kraft zu erzeugen.

Bei Pendelrudern bewegt man dazu das gesamte Höhenruder um eine querliegende Achse, bei konventionellen Rudern wird der hinten liegende Teil des Höhenruders, die Höhenruderflosse, nach oben oder unten bewegt, um den erforderlichen Anstellwinkel einzustellen.

Verständlicherweise ist das Höhenruder so ausgelegt, dass es im Reiseflug so gut wie keiner Auslenkung der Höhenruderflosse bedarf, um die erforderliche Kraft zu erzeugen. Damit erreicht man den geringstmöglichen Luftwiderstand im Reiseflug.

Will man jedoch langsamer fliegen, muss die Höhenruderflosse weit in den Luftstrom hineinragen, um die gleiche Kraft zu erzeugen, was große Steuerkräfte verursachen kann. Um diese nicht unbequem groß werden zu lassen, werden sie mit einstellbaren Hilfsmitteln, der Trimmung, aerodynamisch oder mechanisch mittels Federn kompensiert.

Bei älteren Flugzeugen, zum Beispiel bei der Piper Cub, ist die Dämpfungsfläche des Höhenleitwerks um eine querliegende Achse an ihrer Hinterkante drehbar gelagert, die Vorderkante kann vom Piloten mit einer Spindel höher oder tiefer eingestellt werden. Die meisten heutigen Flugzeuge verwenden ein Hilfsruder an der Höhenruderflosse (Flettner Klappe), das den gleichen Effekt hat.

Im Prinzip stellt man mit der Trimmung lediglich den Winkel zwischen Flugzeuglängsachse und der jeweiligen Profilsehne des Höhenleitwerks ein. Wird der Winkel größer, so steigt auch der Abtrieb, das Flugzeug nimmt die Nase nach oben. Damit vergrößert sich der Anstellwinkel der Tragfläche und die notwendige Geschwindigkeit zum Erhalt des Auftriebes wird geringer.

Die Trimmung stabilisiert damit die Fluggeschwindigkeit:

Sinkt bei fest eingestellter Trimmung die Geschwindigkeit, so sinkt die abwärts gerichtete Kraft des Höhenruders – das Flugzeug nimmt die Nase herunter und wird von selbst wieder schneller. Steigt die Geschwindigkeit, steigt auch die abwärts gerichtete Kraft des Höhenruders - das Flugzeug nimmt die Nase nach oben und wird von selbst wieder langsamer.

Daraus folgt: Wollen Sie die Geschwindigkeit ändern, müssen Sie auch die Trimmung ändern.

Aber wie bereits erwähnt verursacht eine Änderung der Motorleistung eine Änderung des Propellerstrahles, in welchem das Höhenleitwerk liegt. Erhöhen Sie die Motorleistung ohne die Trimmung zu ändern, steigt die abwärts gerichtete Kraft des Höhenleitwerks - das Flugzeug nimmt die Nase nach oben, wird langsamer und steigt.

Reduzieren Sie die Motorleistung, sinkt das Flugzeug und wird schneller.

Kommen wir zurück auf unsere Cessna 172, die sich bei konstanter Motorleistung im Reiseflug befindet.

Nun wollen wir 10 Knoten langsamer fliegen. Dazu müssen wir

- die Motorleistung um 100 RPM verringern,
- die Pitch Attitude am Smiley um 5 cm vergrößern und
- die Trimmung um etwa eine Viertelumdrehung in Richtung schwanzlastig verstellen.

Da das Trimmrad keine Einstellung in Winkelgraden hat, können wir definieren: Wenn wir das Trimmrad an der obersten erreichbaren Stelle anfassen und soweit wie es ohne Umgreifen möglich ist nach unten drehen, so nennen wir das einen „Schlag".

Für 10 Knoten geringere Geschwindigkeit ist die Trimmung etwa 1 Schlag in Richtung schwanzlastig zu verstellen. Möglicherweise reagiert Ihr Flugzeug empfindlicher, dann benötigen Sie etwas weniger, zum Beispiel einen Schlag minus einer „Perle".

Sinngemäß müssen Sie für eine um 10 Knoten höhere Geschwindigkeit

- die Motorleistung um 100 RPM erhöhen,
- die Pitch Attitude am Smiley um 5 cm verringern und
- die Trimmung um etwa eine Viertelumdrehung in Richtung kopflastig verstellen.

Probieren Sie es aus.

1.15 Geschwindigkeit auf einen Knoten genau

Sie sagen, das sei unmöglich? Stimmt nicht! Das Prinzip kennen Sie bereits, also **können Sie das auch!**

Fliegen Sie mit konstanter Motorleistung in möglichst ruhiger Luft und halten Ihren Smiley konstant genau auf den Horizont.

Stelle Sie die Motorleistung so ein, dass Sie Ihre Höhe halten können, siehe Kapitel „Motordrehzahl und Geschwindigkeit".

Nach einer Weile, in der das Flugzeug weder Höhe noch Geschwindigkeit ändert, lesen Sie den Fahrtmesser ab.

Nehmen wir an, Sie fliegen in gleichbleibender Höhe mit 97 Knoten. Sie wollen 100 Knoten fliegen? Ganz einfach:

Erhöhen Sie die Motordrehzahl um 30 RPM, senken Sie den Smiley um etwa 1,5 Zentimeter (lassen Sie sich ruhig Zeit damit) und trimmen Sie 1 oder 2 „Perlen" in Richtung kopflastig. Nach kurzer Zeit steht die Nadel des Fahrtanzeigers wie festgenagelt auf 100 Knoten und die Höhe bleibt konstant.

Dabei noch folgender Hinweis: Schauen Sie nie länger als eine Sekunde auf irgendein Instrument. Wenn Sie mehrere Instrumente ablesen wollen, schauen Sie zwischen zwei Ablesungen immer auf Ihren Smiley.

Wollen Sie die Frequenz Ihres Radios ändern, so schauen Sie kurz zu dem entsprechenden Knopf für die Frequenz und dann sofort wieder auf den Smiley, während Sie an dem Knopf drehen.

Danach kontrollieren Sie die Frequenzeinstellung, dann wieder den Smiley und so fort.

Auch wenn Sie in Ihre Flugkarte schauen, dann tun Sie das bitte nur für wenige Sekunden. Halten Sie einen Finger auf die Stelle der Karte, die Sie gerade betrachten und prüfen Sie kurz wieder die Position Ihres Smileys, bevor Sie sich wieder Ihrer Karte zuwenden.

Der Smiley ist nämlich besonders bei wenig stabilen Flugzeugen oder weit hinten liegendem Schwerpunkt in wenigen Sekunden „weggelaufen". Wenn Sie da nicht sofort reagieren, fangen fast alle Instrumente ein „Eigenleben" an, insbesondere Höhe und Geschwindigkeit.

Halten Sie aber den Smiley fest und ändern nicht die Motorleistung, so bleibt die Instrumentenanzeige nahezu stundenlang konstant. Das funktioniert selbst bei mittlerer Turbulenz.

Fliegen Sie ruhig einmal mit einem Kollegen, der den Smiley nicht kennt und bitten ihn, eine bestimmte Geschwindigkeit genau einzustellen. Sie werden sich wundern, wie lange der braucht, um die Geschwindigkeit wenigstens für ein paar Sekunden zu halten. Wenn Sie ihm dann aber zeigen, wie einfach es geht, ist Ihnen die Hochachtung des Kollegen sicher.

1.16 Steigen und Sinken mit konstanter Geschwindigkeit

In den vorigen Kapiteln haben wir gelernt, wie man Pitch Attitude und Motorleistung einstellt, um mit einer definierten konstanten Geschwindigkeit zu fliegen.

Jetzt wollen wir aber die Motorleistung beliebig variieren, trotzdem aber die Geschwindigkeit konstant halten. Dazu erst wieder einmal die theoretische Betrachtung:

Reduziert man im Geradeausflug die Motorleistung, verringert sich bekanntlich als erstes der Propellerstrahl auf das Höhenleitwerk. Die abwärts gerichtete Kraft sinkt.

Das Flugzeug nimmt massebedingt erst nach kurzer Verzögerung die Nase herunter (Drehung um die Querachse). Während dieser Zeitspanne hat sich auch aufgrund des geringeren Propellerschubes die Geschwindigkeit vermindert, was eine weitere Verringerung der Luftströmung am Höhenleitwerk bewirkt und das Absinken der Flugzeugnase verstärkt.

Jetzt befindet sich das Flugzeug auf einer abwärts geneigten Bahn und beschleunigt, wie wir das von der Achterbahn her kennen.

Das Flugzeug wird also schneller und die erhöhte Luftströmung vergrößert die abwärts gerichtete Kraft am Höhenleitwerk.

Das Absinken der Nase (Drehung um die Querachse) wird abgebremst – allerdings aufgrund der Massenträgheit des Flugzeuges wieder zeitverzögert.

Während dieser Zeitspanne hat das Flugzeug weiter beschleunigt, was die Kraft am Höhenleitwerk entsprechend der höheren Geschwindigkeit weiter vergrößert.

Das Flugzeug beginnt nun eine Drehung um die Querachse in umgekehrter Richtung. Die Nase beginnt sich also wieder nach oben zu bewegen und die Geschwindigkeit nimmt ab.

Aber auch diese Drehung um die Querachse behält das Flugzeug entsprechend seiner Massenträgheit länger bei und verlangsamt seine Fahrt wieder deutlich.

Die geringer werdende Kraft am Höhenleitwerk lässt die Flugzeugnase wieder heruntersinken und der ganze Zyklus beginnt von vorne. Dabei pendeln Geschwindigkeit, Pitch Attitude und Sinkrate ständig um einen Mittelwert.

Diese geringe dynamische Stabilität, die zudem auch noch abhängig von der Lage des Schwerpunktes ist, ist eine Eigenheit aller Flugzeuge, wenn auch in unterschiedlichem Maße. In jedem Falle ist diese Wellenbewegung wenig angenehm, speziell für hinten sitzende Passagiere.

Man kann sie nur vermeiden, indem man die Pitch Attitude nicht dem Flugzeug respektive der Trimmung überlässt, sondern diese gleichzeitig mit der Änderung der Motorleistung entsprechend einstellt und hält.

Hält man eine konstante Geschwindigkeit ein, so ist erfahrungsgemäß die Pitch Attitude und damit die Position des Smileys am Horizont bei Vollgas um etwa 30 Zentimeter höher als bei Leerlauf.

Wie hoch der Smiley bei welcher Geschwindigkeit und Motorleistung gehalten werden muss, ist von Flugzeug zu Flugzeug unterschiedlich.

Um trotzdem schnell die notwendigen Erfahrungswerte zu erhalten, ist folgende Übung empfehlenswert:

Sie stellen 80 Knoten im Horizontalflug ein und trimmen sauber. Dann reduzieren Sie die Motorleistung auf Leerlauf und drücken **gleichzeitig** den Smiley 20 Zentimeter tiefer und halten ihn dort.

Behält das Flugzeug exakt die 80 Knoten bei, so haben Sie auf Anhieb die richtige Position für den Smiley gefunden. Ist die Geschwindigkeit höher, so müssen Sie den Smiley entsprechend weniger tief herunterdrücken. Ist sie niedriger, müssen Sie den Smiley entsprechend tiefer halten, siehe Kapitel „Der Smiley als Fahrtmesser".

Innerhalb kurzer Zeit haben Sie dann die richtige Position für den Smiley gefunden und sinken mit exakt 80 Knoten.

Diese Position des Smileys im Vergleich zu seiner Position im Horizontalflug merken Sie sich.

Aufgrund der geringeren Luftströmung am Höhenleitwerk werden Sie leicht ziehen müssen, um die erforderliche Lage des Smileys zu halten, siehe Kapitel „Die Trimmung". Aber bitte während dieser Übung nicht trimmen, da die erforderlichen Kräfte recht gering sind.

Nun stellen Sie wieder die Motorleistung ein, die Sie im Horizontalflug bei 80 Knoten benötigten und ziehen gleichzeitig den Smiley wieder auf den Wert, den Sie auch vorher im Horizontalflug mit 80 Knoten hatten. Jetzt stimmt auch die Trimmung wieder.

Wenn Sie diese Übung ein paarmal ausgeführt haben, sollten Sie in der Lage sein, beliebig zwischen Horizontal- und Sinkflug zu wechseln, ohne dass sich die Geschwindigkeit nennenswert verändert.

Als nächste Übung erhöhen Sie beim Horizontalflug die Leistung auf Vollgas und ziehen gleichzeitig den Smiley 10 Zentimeter höher. Auch diesmal korrigieren Sie die Position des Smileys über dem Horizont, bis die gewünschten 80 Knoten konstant stehen bleiben und merken sich die Lage des Smileys. Sie werden feststellen, dass Sie leicht drücken müssen, um den Smiley in der erforderlichen Position zu halten. Auch jetzt bitte nicht trimmen!

Nun reduzieren Sie die Motorleistung wieder auf den für den Horizontalflug erforderlichen Wert und bringen dabei gleichzeitig den Smiley auf die entsprechende Position des Horizontalfluges. Die Trimmung stimmt abermals wieder.

Auch diese Übung wiederholen Sie so oft, bis Sie sich die entsprechenden Positionen des Smileys eingeprägt haben und Ihre Geschwindigkeit trotz Änderung der Motorleistung nicht mehr von der gewünschten Geschwindigkeit, also diesmal 80 Knoten, abweicht.

Als Nächstes stellen Sie beliebige Zwischenwerte der Motorleistung ein und bringen gleichzeitig den Smiley in die erforderliche Position. Nach kurzer Zeit wird es Ihnen gelingen, jede beliebige Motorleistung einzustellen, ohne dass Ihre Geschwindigkeit mehr als 1 oder 2 Knoten vom gewünschten Wert abweicht.

Wenn Sie mit den Ergebnissen dieser Übung zufrieden sind, probieren Sie das Gleiche bei einer anderen Geschwindigkeit, zum Beispiel 90 Knoten (zuerst 90 Knoten stabilisieren und trimmen!).

Sie werden feststellen, dass das Verhalten des Flugzeuges identisch mit dem bei Verhalten bei 80 Knoten ist, nur dass Sie den Smiley stets etwa 10 Zentimeter tiefer halten müssen.

Als weitere Übung bietet sich in diesem Zusammenhang an, das Flugzeug in Landekonfiguration mit der im Handbuch angegebenen Landegeschwindigkeit zu fliegen und dabei unterschiedliche Motorleistungen und damit unterschiedliche Sinkraten einzustellen. Je genauer es Ihnen gelingt, die Anfluggeschwindigkeit präzise einzuhalten, umso besser. Die Beherrschung dieser Übung ist eine der wichtigsten Voraussetzungen für einen perfekten Anflug und eine sichere Landung.

1.17 Sinkflug

Nachdem Sie nun herausgefunden haben, wie Sie die Pitch Attitude für jede beliebige Motorleistung einstellen müssen, sollte es kein Problem mehr sein, aus dem Reiseflug heraus in einen komfortablen Sinkflug zu gehen.

Im Allgemeinen sinkt man mit etwa 500 Fuß pro Minute. Dieser Wert entspricht bei 100 Knoten einem Gleitwinkel von etwa 3°, der auch bei den meisten Anflughilfen (VASI oder PAPI) verwendet wird. Größere Sinkraten sind aufgrund des schnelleren Druckanstieges für Passagiere unkomfortabel.

Mit sinkender Höhe nimmt bekanntlich der Luftdruck zu, etwa 1 Zoll Hg oder 30 hPa je 1000 Fuß. Damit steigt während des Sinkfluges auch die Motorleistung. Sie sollten daher alle 2 Minuten die Motorleistung nachstellen.

Wollen Sie im Sinkflug die Reisegeschwindigkeit beibehalten, müssen Sie natürlich die Motorleistung verringern.

Eine Cessna 172 erzielt eine Sinkrate von etwa 500 Fuß pro Minute bei einer Verringerung der Drehzahl um etwa 300 RPM.

Um also aus dem Horizontalflug in den Sinkflug überzugehen, reduzieren Sie lediglich die Motordrehzahl um 300 RPM und halten den Smiley entsprechend der im vorigen Kapitel erflogenen Werte (etwa 5 bis 10 Zentimeter) tiefer.

Meist stimmen weder die Geschwindigkeit noch die Sinkrate genau. Bringen Sie zuerst die Geschwindigkeit in Ordnung (siehe Kapitel „Geschwindigkeit auf einen Knoten genau").

Nehmen wir an, die Geschwindigkeit stimmt jetzt und Sie sinken mit 600 Fuß pro Minute, Sie wollen aber 500 Fuß pro Minute. Dafür benötigen Sie höchstens 70 RPM mehr.

Heben Sie den Smiley gleichzeitig um eine Daumenbreite an, und es werden sich die gewünschten 500 Fuß pro Minute einstellen.

Falls Sie nur mit 400 Fuß pro Minute sinken, drosseln Sie einfach die Motordrehzahl um etwa 70 Umdrehungen, und senken Sie den Smiley entsprechend um eine Daumenbreite, um die Geschwindigkeit beizubehalten.

Wie bereits mehrfach erwähnt, beaufschlagt der verminderte Propellerstrahl im Sinkflug das Höhenruder etwas weniger als bei Reiseleistung, und so müssen Sie ein klein wenig das Höhenruder „stützen". Nachtrimmen lohnt sich nur bei langen Sinkflügen.

Oft wird empfohlen, im Sinkflug die Motorleistung stehen zu lassen und die Höhe in Fahrt umzusetzen. Zwar ist, wie Sie gleich sehen werden, diese Art des Sinkfluges nicht immer ratsam, im Falle großer Eile (Herannahen eines Gewitters oder drohende Schließung des Flugplatzes bei Sonnenuntergang) kann ein solcher Sinkflug die bessere Alternative sein.

Hierzu wird der Smiley entsprechend der gewünschten Geschwindigkeit tiefer gehalten. In erster Näherung kann man mit 30 Knoten höherer Geschwindigkeit und Sinkraten um 500 Fuß pro Minute rechnen, wenn man den Smiley etwa 20 Zentimeter tiefer hält.

Da mit zunehmender Geschwindigkeit die Kräfte am Höhensteuer recht groß werden können, sollten Sie bei Stabilisierung von Geschwindigkeit und Pitch Attitude nachtrimmen.

Die aus der Höhe in Fahrt umgesetzte zusätzliche Energie kann bei aerodynamisch hochwertigen Flugzeugen leicht dazu führen, dass die für Turbulenz zulässige Geschwindigkeit deutlich überschritten wird, was nur in relativ ruhiger Luft problemlos ist.

Weiterhin steigt bei Flugzeugen mit Festpropeller bekanntlich mit zunehmender Geschwindigkeit auch die Motordrehzahl. Somit kann man bei dieser Methode sehr schnell den Motor überdrehen.

Wie oben erwähnt steigt mit sinkender Höhe auch der Luftdruck, was eine größere Motorleistung und damit eine weitere Erhöhung der Drehzahl bewirkt.

Aus diesen Gründen ist es unbedingt erforderlich, nicht nur den Smiley, sondern auch die Geschwindigkeit und gegebenenfalls die Drehzahl des Motors im Auge zu behalten.

Wenn Sie nun Ihre gewünschte niedrigere Höhe erreicht haben, dauert es recht lange, bis die Masse des Flugzeuges die überhöhte Geschwindigkeit in Kombination mit der geschwindigkeitsabhängig höheren Motorleistung abgebaut hat. Es kostet einige Zeit und Konzentration, bis Sie wieder ihre normale Reisegeschwindigkeit erreicht und nachgetrimmt haben.

Abgesehen von der unnötigen Mehrarbeit ist diese Methode zum Abbauen der Höhe im Normalfalle nicht besonders ratsam, denn im Allgemeinen verlässt man seine mühsam erreichte Flughöhe nur, um anschließend zu landen. Vor der Landung aber noch auf hohe Geschwindigkeit zu gehen erscheint ebenso wenig vernünftig, wie mit dem Auto mit Vollgas auf eine rote Ampel zuzufahren, um danach nur noch stärker bremsen zu müssen.

1.18 Übergang vom Sinkflug in den Horizontalflug

Wie aus dem vorigen Kapitel hervorgeht, ist es einfacher und komfortabler, im Sinkflug die Geschwindigkeit des Reisefluges beizubehalten und lediglich die Motorleistung entsprechend der gewünschten Sinkrate zu reduzieren.

Hat das Flugzeug die gewünschte Höhe erreicht, sinkt es aufgrund seiner Massenträgheit noch etwas weiter. Aus diesem Grunde sollten Sie bereits vor Erreichen der gewünschten Höhe beginnen, in den Horizontalflug übergehen. Ein brauchbarer Wert ist hierbei etwa 10 % der Sinkrate, bei 500 Fuß pro Minute also 50 Fuß.

Erfahrungsgemäß genügt es, lediglich die Motorleistung wieder auf den Wert des Reisefluges zu bringen. Der nun wieder stärkere Propellerstrahl vergrößert den Abtrieb am Höhenleitwerk und das Flugzeug nimmt nahezu selbsttätig wieder die Pitch Attitude des Reisefluges ein.

Sollten Sie beim Sinkflug nachgetrimmt haben, müssen Sie um den gleichen Betrag wieder zurücktrimmen, zwei Handgriffe, die Sie sich eigentlich hätten ersparen können. Die Kräfte am Höhensteuer lohnen eigentlich nicht den Trimmaufwand.

Vermeiden Sie aber bitte den folgenden oft gemachten Fehler: Bei Erreichen der gewünschten Höhe wird am Höhensteuer gezogen und der Pilot vergisst, den Motor rechtzeitig wieder auf Reiseleistung zu bringen.

Die Geschwindigkeit sinkt rapide. Als Folge davon sind nun die Propellerdrehzahl und damit die Motorleistung zu klein. Das Flugzeug sinkt weiter und man findet sich schnell beträchtlich unter der gewünschten Höhe.

Aus dieser verkorksten Situation kommen Sie am besten heraus, wenn Sie die Motorleistung auf Steigleistung erhöhen und wieder auf die gewünschte Höhe steigen.

1.19 Steigflug

Im Reiseflug wird normalerweise eine Reiseleistung um 65% der Maximalleistung des Motors eingestellt, sodass für einen Steigflug mit Reisegeschwindigkeit nur noch bestenfalls ein Drittel der Motorleistung zur Verfügung steht, in größerer Dichtehöhe (näher erläutert im Kapitel „Dichtehöhe") sogar deutlich weniger.

So ist es nicht verwunderlich, dass man für brauchbare Steigleistungen auf einen signifikanten Teil der normalen Reisegeschwindigkeit verzichten muss.

Die Geschwindigkeit für steilstes Steigen V_x liegt immer unterhalb der Geschwindigkeit für bestes Steigen, bei den kleinen Cessnas bei etwa 60 Knoten. Diese Geschwindigkeit wählt man, wenn nahegelegene hohe Hindernisse im Abflugsektor zu überfliegen sind.

Die Geschwindigkeit für bestes Steigen V_y liegt etwas oberhalb der Geschwindigkeit für bestes Gleiten, also in einer Größenordnung von 65-75 Knoten. Mit dieser Geschwindigkeit steigt man, um in kürzester Zeit die größtmögliche Höhe (oder zumindest eine Sicherheitshöhe) zu erreichen.

In den Reisesteigflug, bei der Cessna 172 etwa 75 bis 90 Knoten, geht man immer, wenn weder steilstes noch bestes Steigen erforderlich sind, also nach Überfliegen von Hindernissen und ab Sicherheitshöhe.

Der Reisesteigflug bietet eine Menge Vorteile:

1. Die Flugstrecke, die man während des Steigfluges zurücklegt, ist größer.
2. Die Sicht ist besser, da sowohl die Steigung der Flugbahn als auch der Anstellwinkel kleiner sind (zusammen die Pitch Attitude).
3. Eine größere Luftmenge strömt durch den Motorraum und verbessert die Motorkühlung.

Sinnvollerweise gibt man bei jeder Art des Steigfluges stets Vollgas (bei Constant Speed Propellern Steigleistung) und bringt den Smiley in die der gewünschten Geschwindigkeit entsprechende Höhe über den Horizont. (Siehe Kapitel „Steigen und Sinken mit konstanter Geschwindigkeit".)

Die Geschwindigkeit stellt sich nach kurzer Zeit auf den entsprechenden Wert ein. Nur Anfänger „jagen" die Nadel des Fahrtmessers und ändern dauernd die Pitch Attitude.

Höhe allein durch Ziehen gewinnen zu wollen ist wenig sinnvoll. (Siehe auch Kapitel „Motorleistung und Geschwindigkeit".) Dies macht man nur bei sehr geringen Höhendifferenzen mit äußerst kleinen Änderungen der Pitch Attitude. Bei größeren Pitch-Änderungen baut die Geschwindigkeit zu schnell ab, mit dem bereits bekannten Nachteil der verringerten Motorleistung.

1.20 Übergang vom Steigflug in den Reiseflug

Der Übergang vom Steigflug in den Reiseflug erfordert die Änderung und gleichzeitige Überwachung von Pitch Attitude, Geschwindigkeit, Höhe, Motorleistung und Trimmung.

Mit der rechtzeitigen und richtigen Einstellung all dieser Werte sind viele Piloten überfordert. Sie reduzieren die Motorleistung, sobald die gewünschte Höhe erreicht ist.

Die Fluggeschwindigkeit liegt dann noch weit unter der gewünschten Reisegeschwindigkeit, und mit der reduzierten Motorleistung dauert es scheinbar endlos, bis sich das Flugzeug auf Reisegeschwindigkeit gequält hat und das dauernde Trimmen aufhört.

Eine wesentlich bessere Methode ist diese:

Sie steigen mit voller Steigleistung.

10% der Steigrate vor Erreichen der gewünschten Höhe (bei einer Steigrate von 500 Fuß pro Minute also 50 Fuß), senken Sie langsam den Smiley auf die Position, die er bei Reiseflug hat.

Schauen Sie dabei alle paar Sekunden mit einem Seitenblick auf den Höhenmesser und halten Sie diese Höhe konstant.

Bis die gewünschte Geschwindigkeit erreicht ist, lassen Sie die volle Steigleistung stehen.

Erst bei Erreichen von Reisehöhe **und** Reisegeschwindigkeit reduzieren Sie die Motorleistung auf die der gewünschten Reisegeschwindigkeit entsprechenden Leistung. Der stationäre Flugzustand ist erreicht und Sie trimmen.

In größerer Höhe (ab etwa 8000 Fuß) erreichen nicht aufgeladene Motoren aufgrund der geringeren Luftdichte höchstens noch 75% der Nennleistung. Wenn Sie sehr in Eile sind, können Sie hier ruhig Vollgas stehen lassen.

1.21 Seitengleitflug (Slip)

Energie kann man nicht vernichten, sondern nur umwandeln: Ist das Flugzeug zu schnell, kann man die Geschwindigkeit (= kinetische Energie) in Höhe (= potenzielle Energie) umwandeln.

Was aber ist zu tun, wenn man die Höhe so rasch wie möglich abbauen will, ohne die Geschwindigkeit ins Unermessliche zu steigern?

Für diesen Fall bietet sich der Seitengleitflug (Slip) an. Er ist ein bewusst unkoordinierter Flugzustand, in welchem der Flugzeugrumpf schräg seitlich angeströmt wird.

Die Luftströmung liegt dabei nicht mehr laminar am Rumpf an, sondern wird turbulent. Diese Turbulenz kostet Energie.

Natürlich ist bei diesem Manöver der Motor auf Leerlauf zu stellen, denn schließlich will man ja jede Energiezufuhr vermeiden.

Das Manöver verlangt volles Seitenruder, und so sollte die Geschwindigkeit nicht zu hoch sein, um die Flugzeugzelle nicht unnötig zu belasten (maximal Manövergeschwindigkeit).

Sie leiten den Slip ein, indem Sie das Flugzeug in eine Schräglage um etwa 25° bringen und dann zügig in das entgegengerichtete Seitenruder treten.

Durch das positive Rollmoment hat das Flugzeug die Tendenz, die Schräglage zu vermindern. Dem entgegnen Sie mit stärkerem Querruderausschlag.

Während des Slippens bleiben Sie voll im Seitenruderpedal stehen und bestimmen die Flugrichtung ausschließlich mit der Schräglage.

Zum Beenden des Slippens bringen Sie die Steuerflächen gleichzeitig (nicht nacheinander!) wieder in die neutrale Position.

Man nutzt den Slip immer dann, wenn man in kurzer Zeit oder auf eine kurze Distanz Höhe abbauen will. Oft ist das notwendig, wenn man in der Platzrunde nicht richtig aufgepasst hat und im Endanflug zu hoch und zu schnell ist.

Wenn Sie also in eine solche Lage kommen, bringen Sie als erstes den Motor auf Leerlauf und verringern die Fahrt auf den Handbuchwert für den Endanflug. Erst dann leiten Sie den Slip ein.

Auch wenn Sie die Fahrt dabei in zusätzliche Höhe umwandeln: Die Sinkrate ist beim Slippen unabhängig von der Geschwindigkeit immer relativ hoch. Aber wenn Sie langsamer fliegen, ist der Gleitwinkel steiler.

Da auch Pitotrohr und Statiköffnung seitlich angeblasen werden, ist die Fahrtanzeige recht unzuverlässig. Aber wir haben ja unseren Smiley. Der zeigt immer richtig an. Also prüfen Sie vor dem Slippen, wie hoch der Smiley über dem Horizont ist und halten diesen Wert.

Die erzielte Sinkrate liegt in einer Größenordnung von 1000 bis 1500 Fuß pro Minute. Das ist deutlich mehr, als man nur mit vollen Klappen erzielen kann.

Dazu noch ein Wort:

Immer wieder hört man von „Fachleuten", dass die kleinen Cessnas nicht mit Klappen geslippt werden dürften. Stimmt nicht! Nur Trudeln mit ausgefahrenen Klappen ist verboten.

Slippen der Cessna mit vollen Klappen hat allerdings seine Grenzen, die von ungeübten Piloten nicht immer eingehalten werden. Daher steht in den Handbüchern: „Slippen mit vollen Klappen ist zu vermeiden".

Ist nämlich die Geschwindigkeit beim Slippen zu groß, wird der Klappenmechanismus unnötig stark belastet - und Reparaturen sind bekanntlich teuer!

Ist die Geschwindigkeit zu gering, kann eine Seite des Höhenruders in die Turbulenz des Rumpfes geraten: Das Flugzeug nimmt dann ziemlich deutlich die Nase herunter. In Bodennähe ist das wenig ratsam.

1.22 Überziehen und Trudeln

Im Kapitel „Anstellwinkel und Auftrieb" ist bereits behandelt worden, wie der Auftrieb von der Richtung und Geschwindigkeit der Luftströmung abhängt. Im Kapitel „Die Pitch Attitude" wurde deutlich, dass der Anstellwinkel zusammen mit der Flugrichtung die Pitch Attitude ergibt.

Wir wollen wieder einmal ein Gedankenexperiment machen und stellen uns ein mit Reisegeschwindigkeit horizontal fliegendes Flugzeug vor. Der Smiley zeigt auf den Horizont, der Anstellwinkel beträgt etwa 4 Grad.

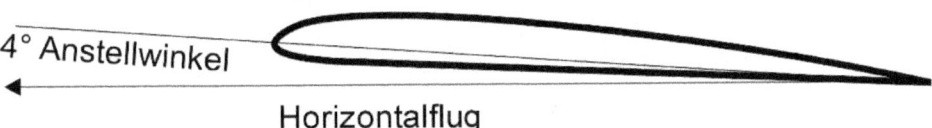

Wir halten die Pitch Attitude mit dem Höhensteuer fest und reduzieren in Gedanken die Motorleistung. Das Flugzeug würde zweifellos langsamer werden und dadurch beginnen, nach unten zu sinken. Trotz horizontaler Fluglage wäre die Flugbahn nun nicht mehr horizontal, sondern nach unten geneigt.

Nehmen wir einmal einen Neigungswinkel der Flugbahn von 4 Grad an, so wird die Tragfläche mit 3 Grad von schräg unten angeströmt. Diese 3 Grad addieren sich zu dem ursprünglichen Anstellwinkel von 4°. Wir haben also nun einen neuen Anstellwinkel von 7 Grad.

Bekanntlich ist bei diesem größeren Anstellwinkel nur eine geringere Geschwindigkeit erforderlich, um den nötigen Auftrieb (gleich dem Flugzeuggewicht) zu erzeugen, siehe Kapitel „Anstellwinkel und Auftrieb".

Das Flugzeug hört also nicht mit dem Fliegen auf, wenn wir die Fluglage beibehalten und die Motorleistung verringern, sondern es stellt sich völlig selbsttätig eine neue Kombination aus Bahnneigung und Geschwindigkeit ein.

Wollen wir nun unsere Höhe beibehalten, müssen wir entweder die Motorleistung auf den vorigen Wert oder die Pitch Attitude vergrößern.

Vergrößern wir also die Pitch Attitude. Das Flugzeug wird noch langsamer und etwas steiler sinken. Damit steigt auch wieder der Anstellwinkel.

Bis zu einem Anstellwinkel von etwa 10 Grad kann man so die Geschwindigkeit weiter deutlich verringern, ohne zu große Sinkraten in Kauf nehmen zu müssen.

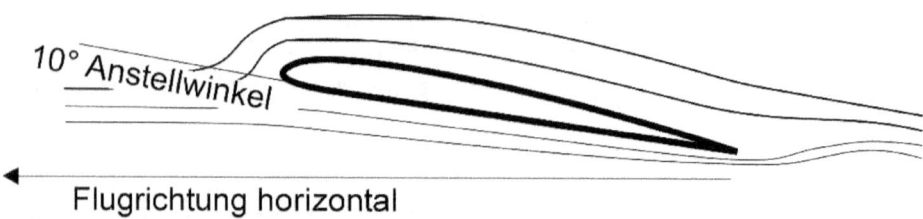

Flugrichtung horizontal

Zieht man weiter am Höhensteuer und vergrößert den Anstellwinkel von 10 auf 15 Grad, so verringert sich die Geschwindigkeit nur noch unwesentlich, allerdings wird die Sinkrate größer.

Vergrößert man nun den Anstellwinkel weiter, so liegt die Strömung an der Tragflächenoberseite nicht mehr bis zur Hinterkante der Tragfläche an, sondern wird einige Zentimeter davor bereits turbulent.

Der Auftrieb nimmt nicht mehr zu, der Widerstand steigt deutlich. Mit anderen Worten: Die Geschwindigkeit wird kaum noch geringer, die Sinkrate steigt aber mit zunehmendem Anstellwinkel stark an.

Überschreitet der Anstellwinkel etwa 18 Grad, wandert die Linie, an der die Strömung turbulent wird, so weit nach vorne, dass der verbleibende Auftrieb kleiner ist als das Gewicht des Flugzeuges und die Höhe nimmt rapide ab.

Die Tragfläche ist „überzogen", der „kritische Anstellwinkel" ist überschritten.

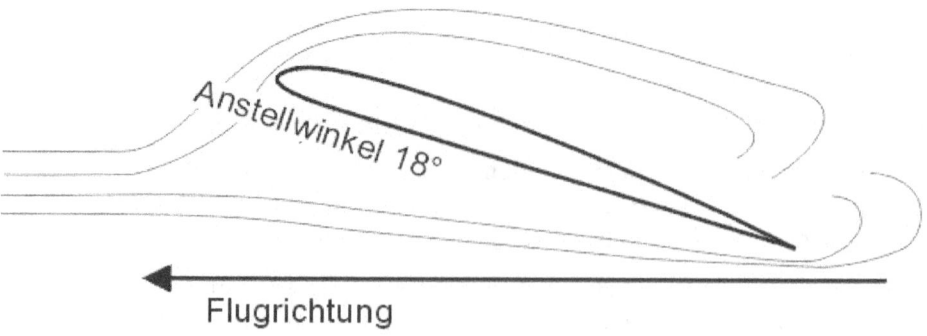

Flugrichtung

Auch bei einem so großen Anstellwinkel ist das Flugzeug noch voll steuerbar, sofern man koordiniert fliegt.

Lässt man allerdings bei diesem Flugzustand eine Tragfläche kurzzeitig etwas sinken, so wird sie dadurch von unten und damit etwas schräger angeströmt als die andere. Dies vergrößert den Anstellwinkel an dieser Tragfläche. Die Linie, an welcher die Strömung nicht mehr anliegt, verschiebt sich weiter nach vorne.

Der Auftrieb dieser Tragfläche wird dadurch noch geringer und der Widerstand größer. Die Tragfläche sinkt dadurch noch stärker, wodurch der Anstellwinkel abermals steigt, ebenso wie der Widerstand, und sie bleibt noch weiter zurück.

Damit verringert sich die Strömungsgeschwindigkeit an dieser Tragfläche noch mehr mit der Folge weiteren Auftriebsverlustes und weiterer Erhöhung des Widerstandes. Das Flugzeug beginnt, in die Richtung der zurückbleibenden Tragfläche zu rotieren.

Diesen Flugzustand nennt man Trudeln.

Trudeln kann man provozieren, indem man nahe dem überzogenen Flugzustand das Seitenruder betätigt und damit eine Drehung des Flugzeuges um die Hochachse erzwingt. Dabei ist die Luftströmung an der voreilenden Tragfläche geringfügig höher als die an der zurückbleibenden.

Der unterschiedliche Auftrieb der beiden Tragflächen bewirkt das Absinken der zurückbleibenden Tragfläche und das Trudeln ist eingeleitet.

Voraussetzung für das Trudeln sind also zwei Faktoren:
- Überzogener Flugzustand **und**
- eine Drehbewegung um die Hochachse.

Hält man also die Tragflächen des Flugzeuges mit den Querrudern horizontal und verhindert mit dem Seitenruder jegliche Drehbewegung um die Hochachse, **so kann das Flugzeug nicht ins Trudeln kommen**.

Zum Beenden des Trudelns ist sowohl die Ursache des überzogenen Flugzustandes, also das Über-Ziehen zu beenden, als auch die Drehbewegung. Der Pilot muss also lediglich Höhen- und Querruder neutral stellen und die Drehbewegung mit einem Tritt auf das der Drehrichtung entgegengesetzte Seitenruder beenden.

Konsultieren Sie das Handbuch Ihres Flugzeuges: Manche Flugzeuge verlangen etwas modifizierte Verfahren!

Aufgrund der Massenträgheit des Flugzeuges dauert es eine gewisse Zeit, bis die Drehbewegung aufhört. Nun befindet sich das Flugzeug in einer stark nach unten geneigten Pitch Attitude mit einer anfänglich moderaten Geschwindigkeit. Bedingt durch die starke Neigung nimmt aber die Geschwindigkeit sehr rasch zu. Das Flugzeug muss weich aus dieser Sturzfluglage abgefangen werden.

1.23 Langsamflug

Viele „Experten" halten Fliegen nahe dem überzogenen Flugzustand für gefährlich und üben es daher nicht oder nur ungern. „Es braucht nur eine kleine Bö zu kommen, und man kommt ins Trudeln" oder „Man sieht ja nichts, weil der Anstellwinkel so hoch ist" sind die üblichen Ausflüchte.

Auch beim Prüfungsflug für die Privatpilotenlizenz wird oft die Geschwindigkeit nicht weiter als bis zum Ertönen der Überziehwarnung reduziert.

Wir wollen aber weiter bis ans Limit gehen und das Flugzeug auch nahe dem überzogenen Flugzustand kennen lernen.

Bedenken Sie: Bei jeder Landung fliegen Sie langsam. Insbesondere kurze Landebahnen fliegen Sie so langsam wie möglich an, um möglichst wenig Bahn zu verschenken.

Bevor Sie also in gebührenpflichtigen Platzrunden üben und den Platzrundenverkehr stören, sollten Sie erst in sicherer Höhe lernen, wie sich Ihr Flugzeug bei Minimalgeschwindigkeit verhält.

Üben Sie den Langsamflug in sicherer Höhe.

Setzen Sie 20 Grad Klappen und fliegen zunächst mit der Geschwindigkeit, die Ihr Handbuch für den Landanflug empfiehlt. Stellen Sie dazu die Motorleistung ein, die eine konstante Höhe erlaubt und minimieren Sie die notwendige Kraft am Höhensteuer mit der Trimmung.

Dann ziehen den Smiley 5 cm höher und trimmen Sie. Die Geschwindigkeit wird um etwa 5 Knoten sinken.

Regeln Sie dabei die Motorleistung nach.

Fliegen Sie Kurven mit kleinen Schräglagen und gewöhnen sich erst mal an das schwammige Flugverhalten. Wenn Ihre Höhe dabei etwas wegläuft, macht das nichts. Sie wollen ja erst einmal das Langsamflugverhalten kennen lernen. Der induzierte Widerstand wächst in diesem Geschwindigkeitsbereich stärker als der parasitäre Widerstand abnimmt. Passen Sie gegebenenfalls die Motorleistung an.

Es wird Ihnen auffallen, dass Sie in Rechtskurven recht kräftig im rechten Seitenruder stehen müssen, um die Kugel des Wendezeigers im „Käfig" zu halten. Selbst in Linkskurven ist leichter Druck auf das rechte Pedal nötig, siehe Kapitel „P-Faktor".

Wenn Sie unsicher sind, nehmen Sie einen Fluglehrer oder einen kompetenten Sicherheitspiloten mit, der den Luftraum beobachtet und auch einmal das Flugzeug übernehmen kann, wenn es Ihnen zu viel wird.

Sobald Sie sich an das schwammige Flugverhalten gewöhnt haben, reduzieren Sie die Geschwindigkeit um etwa 5 Knoten (Smiley 5 Zentimeter höher halten) und üben weiter. Korrigieren Sie Motorleistung und Trimmung entsprechend.

In der nächsten Stufe reduzieren Sie die Geschwindigkeit um weitere 5 Knoten. Dabei werden Sie feststellen, dass mit geringerer Geschwindigkeit der Leistungsbedarf steigt. Die Ursache: Sie fliegen langsamer als mit der Geschwindigkeit besten Gleitens und damit steigt der induzierte Widerstand stärker an als der parasitäre Widerstand abnimmt. (siehe Kapitel „Die wichtigsten Geschwindigkeiten").

Haben Sie keine Angst! Das Flugzeug wird nie plötzlich aus der Luft fallen. Sollten Sie zu langsam werden und der überzogene Flugzustand droht, erkennbar am „Schütteln" des Flugzeuges, genügt ein kleines Senken der Flugzeugnase und die Fluglage stabilisiert sich wieder.

Gehen Sie an die Grenzen des Flugzeuges heran. Sie werden erkennen, dass Ihr Flugzeug auch mit voll durchgezogenem Höhensteuer noch völlig kontrollierbar ist, auch wenn es sich bereits schüttelt und sich die Nadel des Fahrtanzeigers unterhalb des weißen Bogens befindet.

Schlimmstenfalls nimmt das Flugzeug die Nase nach unten.

Lassen Sie in diesem Falle einfach den Zug am Höhensteuer nach, halten Sie mit dem Querruder die Tragflächen horizontal und mit den Pedalen den Kurs. Das Flugzeug wird sich sofort wieder stabilisieren.

Auch nahe dem überzogenen Flugzustand, wenn die Nadel des Fahrtmessers fast schon am unteren Anschlag steht, können Sie sauber geradeaus fliegen.

Die Behauptung, dass man beim Langsamflug die Querruder nicht betätigen sollte ist vollkommener Unsinn! Alle zivilen Flugzeuge, insbesondere die der Allgemeinen Luftfahrt, sind so konstruiert, dass auch im voll überzogenen Flugzustand die Querruder noch angeströmt werden und voll wirksam sind.

Halten Sie die Tragflächen mit dem Querruder in der horizontalen Lage und die Flugrichtung mit dem Seitenruderpedalen.

Fliegen Sie auch einmal ohne Klappen. Fliegen Sie so langsam wie möglich im Steigflug mit Vollgas. Tasten Sie sich an die Grenzen Ihres Flugzeuges heran.

Lassen Sie sich nicht durch die Überziehwarnung stören. Fliegen Sie koordiniert und halten Sie „die Kugel im Käfig". Das fühlt sich zwar ungewohnt an, denn Sie müssen stets das rechte Pedal gedrückt halten, um die Auswirkungen des P-Faktors zu kompensieren (siehe Kapitel „P-Faktor).

Tasten Sie sich langsam an die Überziehgeschwindigkeit heran, und lernen Sie dabei, wie Sie den überzogenen Flugzustand beenden können.

Nun erhöhen Sie den Schwierigkeitsgrad und fliegen Kurven.

Regel Nummer 1: Begrenzen Sie die Schräglagen auf höchstens 10 Grad, das genügt vollkommen.

Regel Nummer 2: Bewegen Sie die Steuerorgane nur langsam und millimeterweise. Je behutsamer Sie die Steuerbewegungen ausführen, umso mehr Zeit haben Sie für Korrekturen. Lassen Sie sich viel Zeit.

Sie werden feststellen, dass Sie bei dieser geringen Geschwindigkeit zum Eindrehen in eine Schräglage nach rechts kaum einen Querruderausschlag benötigen. Sie können die Drehung um die Längsachse mit einem geringfügig stärkeren Druck auf das rechte Pedal einleiten.

Sobald Sie die gewünschte Schräglage erreicht haben, müssen Sie diese stabilisieren, indem Sie den zum Einleiten der Kurve benötigten Druck auf das rechte Pedal zurücknehmen.

Das reicht jedoch meist nicht aus: Die kurveninnere Fläche legt einen kleineren Weg zurück als die kurvenäußere und erzeugt damit mehr Auftrieb. Diese Auftriebsdifferenz führt zu einer selbsttätigen Vergrößerung der Schräglage. Sie müssen daher die Schräglage mit einem Querruderausschlag in Gegenrichtung, hier also nach links stabilisieren.

Wollen Sie nun aus der rechten Schräglage zurück in den Horizontalflug, lassen sie diesmal die Pedale in ihrer Stellung und betätigen lediglich das Querruder nach links und beenden die Drehung des Flugzeuges um die Längsachse, indem Sie den Querruderausschlag zurücknehmen. Sobald Sie den Querruderausschlag zurücknehmen, fliegen Sie wieder geradeaus.

Wollen Sie nun eine Schräglage nach links einnehmen, machen Sie das genauso, wie beim Ausleiten aus der Rechtskurve. Sie beginnen mit einem Querruderausschlag nach links, wobei die Pedale in ihrer Stellung bleiben.

Sobald Sie die gewünschte Schräglage erreicht haben, nehmen Sie den Querruderausschlag zurück. Auch diesmal führt die Auftriebsdifferenz von kurveninnerer- zu kurvenäußerer Tragfläche zu einer weiteren Vergrößerung der Schräglage. Sie müssen dieser Tendenz genau wie in Rechtskurven entgegenwirken und die Schräglage mit den Querrudern in die Gegenrichtung stabilisieren. Dazu brauchen Sie diesmal eine Korrektur nach rechts.

Wollen Sie die Kurve beenden, machen Sie das genauso, wie beim Einleiten einer Rechtskurve: Ein leichter zusätzlicher Druck auf das rechte Pedal reicht aus, die Querruder bleiben nahezu neutral. Nehmen Sie den Pedaldruck wieder zurück, fliegt das Flugzeug geradeaus.

Fassen wir zusammen:

- Bei extremen Langsamflug benötigen Sie stets zum Kompensieren des P-Faktors einen Seitenruderausschlag nach rechts.
- Eine Drehung um die Längsachse nach rechts wird mit dem rechten Pedal eingeleitet, eine Drehung um die Längsachse nach links wird mit dem Querruder eingeleitet.
- Sie benötigen beim Langsamflug sobald die Kurve stabilisiert ist stets einen kleinen Querruderausschlag entgegengesetzt der Kurve, um die Auftriebsdifferenz der Tragflächen zu kompensieren, also:

Einleiten der Rechtskurve: *Querruder neutral, rechtes Pedal betätigen.*

Stabilisierte Rechtskurve: *Querruder links, Pedal rechts*

Einleiten der Linkskurve: *Querruder nach links betätigen, Pedal konstant rechts halten*

Stabilisierte Linkskurve: Querruder rechts, Seitenruder rechts

Noch ein wenig interessanter werden diese Übungen, wenn sie diese mit eingefahrenen Landeklappen ausführen. Der P-Faktor wirkt sich dann noch stärker aus. Allerdings werden Sie dieses Können im Normalfalle nicht benötigen. Schließlich landen Sie ja normalerweise mit ausgefahrenen Landeklappen.

1.24 Steilkurven

Bei der Prüfung zur Privatpilotenlizenz wird von Ihnen unter Anderem verlangt eine Steilkurve mit mindestens 40° Schräglage zu fliegen.

Jedes Theorielehrbuch befasst sich umfassend mit diesem Thema. Dabei wird ausgiebig erläutert, dass ein Flugzeug seine Flughöhe nur halten kann, wenn der vertikale Anteil des Auftriebes dem Flugzeuggewicht entspricht.

Mit zunehmender Schräglage sinkt der vertikale Anteil des Auftriebes und erreicht bei einer Steilkurve mit 90 Grad Schräglage den Wert Null. Der Auftrieb wirkt in einem solchen Falle nur horizontal, Ziehen am Höhensteuer kann dabei nur den Kurvenradius verringern und hat keinerlei Einfluss auf die Höhe.

Moderate Schräglagen erfordern allerdings maßvoll höheren Auftrieb. Dieser kann mit einem größeren Anstellwinkel erzeugt werden, der eine konstanten Kraft am Höhensteuer erfordert.

Ein größerer Anstellwinkel erzeugt auch höheren Luftwiderstand. Dieser wird durch höhere Motorleistung kompensiert.

Nehmen Sie nun einmal an, Ihr Flugzeug befindet sich in einer Kurve mit 45° Schräglage. Sie haben die Kraft am Höhensteuer weggetrimmt und die Motorleistung dem höheren Bedarf angepasst.

Wenn Sie nun während dieser Kurve am Höhensteuer ziehen, erhöhen Sie dabei den Anstellwinkel. Dabei verändert sich nicht nur die Höhe, sondern gleichzeitig auch der Kurvenradius. Letzteres ist allerdings nicht erwünscht, denn damit würden Sie das Lastvielfache ändern.

Wenn Sie aber lediglich die Schräglage geringfügig verringern, bleibt das Lastvielfache konstant. Das Flugzeug wird steigen, ohne den Kurvenradius und damit das Lastvielfache zu ändern.

Wenn Sie die Schräglage vergrößern, wird das Flugzeug sinken.

Dieses Steigen und Sinken ist deutlich sichtbar am Steigen und Sinken des Smiley, bevor dies am Variometer angezeigt wird-

Das können Sie nutzen:

Beim Eindrehen in die Schräglage trimmen Sie 2 Schläge hecklastig und erhöhen anschließend die Motorleistung um etwa 100 RPM.

Halten Sie den Smiley etwa 2 Zentimeter über dem Horizont und versuchen Sie, die Höhe ausschließlich mit einer geringfügigen Änderung der Schräglage zu halten. Das wird Ihnen nach wenigen Versuchen gelingen.

Damit bleibt der Kurvenradius konstant, ebenso auch das Lastvielfache, und Sie können die Steilkurve nahezu freihändig fliegen. Das macht richtig Spaß und Ihren Passagieren wird nicht schlecht.

Zum Ausleiten drehen Sie 15 Grad (1/3 der Schräglage) vor dem gewünschten Kurs aus der Kurve in die Horizontallage zurück und reduzieren Trimmung und Motorleistung wieder auf die Werte für den Horizontalflug.

1.25 Der P-Faktor

Wie bereits im vorigen Kapitel erwähnt, benötigen Sie beim langsamen Geradeausflug relativ hohe Motorleistung und ziemlich viel rechtes Pedal, um die Richtung beizubehalten. Gleichzeitig müssen Sie aber Querruder nach links ausschlagen, damit die Tragflächen horizontal bleiben.

Hauptursache ist neben Reaktionsmoment und dem spiraligen Luftstrom der „P-Faktor" genannte unsymmetrische Propellerschub. Die Ursache:

Bei geringer Geschwindigkeit benötigen die Tragflächen zur Erzeugung des notwendigen Auftriebes einen großen Anstellwinkel. Damit ist der Winkel zwischen Flugzeuglängsachse und Bewegungsrichtung des Flugzeuges ebenfalls recht groß und damit entspricht die Pitch Attitude etwa einem am Boden stehenden Spornradflugzeug.

Stellen Sie nun einmal den Propeller eines solchen Flugzeuges waagerecht und betrachten Sie den Anstellwinkel der Propellerblätter. Wenn sich der Motor dreht, durchschneidet das nach oben bewegte Propellerblattende die Luft nahezu vertikal, erzeugt also damit keinen nennenswerten Vortrieb.

Das abwärtsgehende Propellerblatt hat jedoch einen sehr großen Anstellwinkel gegenüber der horizontal strömenden Luft.

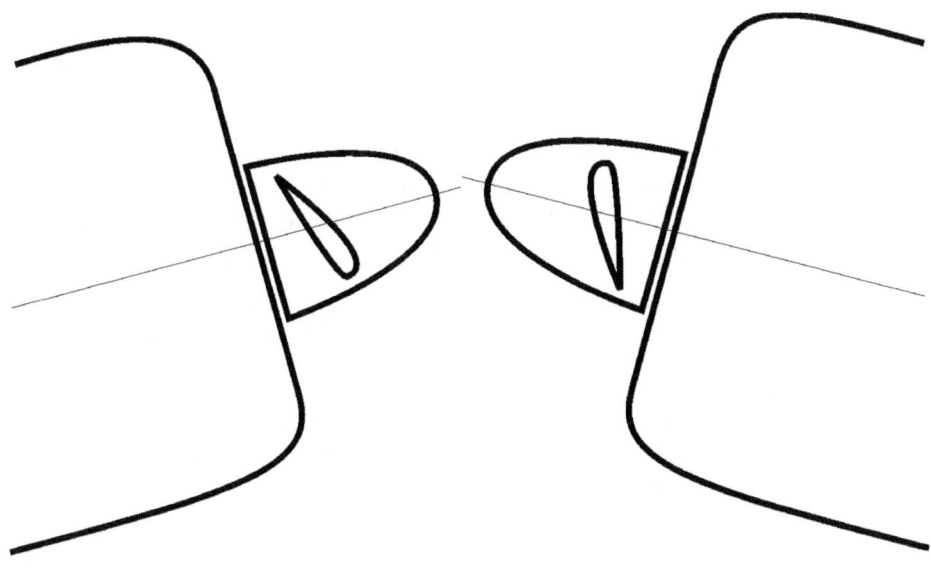

Es liegt auf der Hand, dass dieses in Flugrichtung gesehen rechte Propellerblatt bei laufendem Motor einen deutlich größeren Vortrieb liefert. Das Flugzeug giert also bei großer Pitch Attitude deutlich nach links. Diesem Giermoment müssen Sie mit dem Seitenruder entgegenwirken.

Wenn Sie nun mit geringer Motorleistung fliegen (Sinkflug), aber plötzlich volle Motorleistung einstellen müssen (Durchstarten), so sollten Sie auf das nun sehr plötzlich einsetzende Gieren vorbereitet sein. Dafür ist folgende Übung geeignet:

Sie beginnen mit Reisegeschwindigkeit im Horizontalflug. Dann reduzieren Sie die Motorleistung auf Leerlauf, behalten aber Kurs und Höhe bei.

Halten Sie die Tragflächen waagerecht und halten Sie Ihren Kurs mit dem Seitenruder.

Sie werden anfänglich eine leichte Rechtstendenz des Flugzeuges feststellen.

Ursache ist die Trimmung des Seitenruders für den Reiseflug: Bei Reiseleistung beaufschlagt der korkenzieherartige Propellerstrahl des Motors das Seitenruder von links und drückt es nach rechts. Deshalb wird das Seitenruder leicht schräg eingebaut, und zwar so, dass das Flugzeug bei Reiseleistung und im Reiseflug ohne Korrektur durch den Piloten geradeaus fliegt.

Entfällt aber bei höherer Geschwindigkeit dieser Propellerstrahl, zieht das Flugzeug nach rechts. Wundern Sie sich also nicht, wenn Sie bei der geringen Motorleistung etwas linkes Seitenruder benötigen.

Die Geschwindigkeit wird sinken und das Flugzeug will die Nase nach unten nehmen. Dem begegnen Sie, indem Sie den Smiley mehr und mehr nach oben ziehen. Kontrollieren Sie dabei alle paar Sekunden Höhenmesser und Variometer, damit Sie Ihre Höhe beibehalten.

Sobald die Überziehwarnung ertönt, geben Sie zügig, aber nicht schlagartig Vollgas. In diesem Moment versucht das Flugzeug sich aufzubäumen und sehr plötzlich und vehement nach links auszubrechen.

Dieses zu verhindern ist sehr einfach: Halten Sie den Smiley mit dem Höhenruder in seiner Position gegenüber dem Horizont, mit dem Querruder die Tragflächen horizontal und korrigieren sie die Richtung mit dem Seitenruder.

Langsam und entsprechend der Geschwindigkeitszunahme, senken Sie den Smiley, bis Sie wieder Reisegeschwindigkeit erreicht haben.

Die Bewegung des Smileys sollte gleichmäßig und nicht ruckartig oder schubweise sein.

Haben Sie allerdings einmal den Smiley zu schnell abgesenkt und verlieren ein wenig Höhe, ziehen Sie nicht, sondern halten den Smiley ein paar Sekunden in seiner Position. Die Geschwindigkeit nimmt zu und Sie lassen das Flugzeug steigen, bis die Höhe wieder stimmt.

Sobald Sie Reisegeschwindigkeit erreicht haben, beginnen Sie die Übung wieder von vorn.

Am besten üben Sie bei leicht bewölktem Himmel. Sie können dabei die Bewegungen des Smileys gegen den Wolkenhintergrund am deutlichsten sehen. Perfekt ist die Übung, wenn sich nur die Motorleistung und die Pitch Attitude ändert, aber Höhe und Kurs konstant bleiben.

Wenn Sie diese Übung oft genug wiederholen, wird Sie das mit der Motorleistung plötzlich einsetzende Drehmoment beim Durchstarten nicht mehr überraschen.

Nehmen Sie zumindest anfänglich auch für diese Übung einen zweiten Piloten mit. Sie werden viel zu sehr damit beschäftigt sein, den Smiley zu beobachten und das Flugzeug zu führen und vernachlässigen dabei zu leicht die Grundregeln des Sehens und Gesehenwerdens.

Der zweite Pilot kann diese Aufgabe übernehmen und den Himmel nach anderen Verkehrsteilnehmern absuchen oder auch mal das Steuer übernehmen, damit Sie sich eine kleine Ruhepause gönnen können.

1.26 Gekreuzte Ruder

Unter gekreuzten Rudern versteht man einen Flugzustand, bei dem Querruder und Seitenruder in entgegengesetzte Richtung gehalten werden.

Da man ein Flugzeug vorzugsweise dann ins Trudeln bringen kann, wenn man die Ruder kreuzt, wird oft vor solchen Situationen gewarnt.

Dass gekreuzte Ruder generell gefährlich seien, ist allerdings ein Ammenmärchen: Beim Seitengleitflug oder Slip werden die Ruder bekanntlich bewusst gekreuzt. Dies ist völlig ungefährlich, solange man die Geschwindigkeit im zulässigen Bereich hält.

Außer beim Slippen sollte man die Ruder stets so halten, dass die Richtung der Flugzeuglängsachse mit der Bewegungsrichtung des Flugzeuges übereinstimmt. Dies ist bisweilen nur mit gekreuzten Rudern möglich.

Wie in den vorausgehenden Kapiteln erläutert, verlangen sauber geflogene Rechtskurven im Steigflug eine ganze Menge rechtes Seitenruder und dabei etwas Querruder nach links.

Noch mehr gekreuzte Ruder benötigen Sie, wenn Sie beim Durchstarten das plötzlich einsetzende Drehmoment des Motors kompensieren müssen.

In diesen Fällen sind also gekreuzte Ruder nicht nur ungefährlich, sondern für sauberes Fliegen unumgänglich notwendig. Im Gegenteil: In manchen Situationen ist es gefährlich, die Ruder und insbesondere das Seitenruder in Neutralstellung zu halten.

Fliegen Sie einmal mit einem versierten Sicherheitspiloten Ihre vollbeladene Cessna in sicherer Höhe mit voller Steigleistung bei geringer Geschwindigkeit und nehmen dabei die Füße von den Pedalen.

Halten Sie dabei die Tragflächen horizontal. Ihr Flugzeug wird mehr und mehr nach links abdriften.

Versuchen Sie nun, mit dem Querruder die Richtung zu halten. Sie benötigen dazu eine deutlich erkennbare Schräglage nach rechts. Verringern Sie jetzt die Geschwindigkeit weiter bis zu Überziehen. Die Cessna wird ziemlich heftig und unvermittelt nach links abkippen.

Wenn Sie nun versuchen, die Tragflächen mit den Querrudern wieder in die Horizontale zu bringen, geht das Flugzeug unweigerlich ins Trudeln. Mit dem Fuß auf dem rechten Pedal und leichtem linken Querruder, also gekreuzten Rudern, kann das nicht passieren.

1.27 Die wichtigsten Geschwindigkeiten

In vielen Handbüchern vermisst man übersichtliche Angaben über diverse wichtige Geschwindigkeiten, zum Beispiel die des besten Gleitwinkels, maximaler Reichweite und viele mehr. Man muss sich die meisten dieser Geschwindigkeiten mühsam aus verschiedenen Tabellen zusammensuchen, manche sind überhaupt nicht erwähnt.

Alle relevanten Geschwindigkeiten ergeben sich aus Form und Profilgebung der Tragfläche sowie der Flächenbelastung. Dabei ist das Verhältnis von Auftrieb zu Widerstand in Abhängigkeit vom Anstellwinkel ausschlaggebend.

Das Polardiagramm nach Lilienthal zeigt auf der X- und Y-Achse die Auftriebs- und Widerstandsbeiwerte eines Tragflächenprofils, wie es auch bei Flugzeugen der Allgemeinen Luftfahrt verwendet wird.

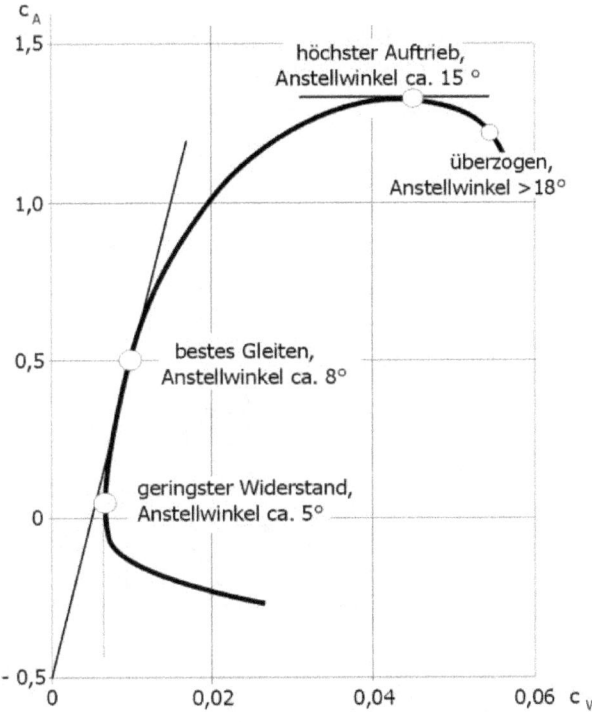

Der Anstellwinkel für das beste Gleiten liegt bei 8 Grad, der höchste Auftrieb bei etwa 15 Grad, ab etwa 18 Grad ist die Tragfläche überzogen. Im Bereich des besten Gleitens ist die Kurve am schwächsten gekrümmt.

In erster Näherung kann man also in diesem Bereich (zwischen $c_A=0,3$ und $c_A=1,0$) von einem linearen Zuwachs von Widerstand und Auftrieb mit zunehmendem Anstellwinkel ausgehen.

Da sich Auftrieb und Widerstand quadratisch mit der Geschwindigkeit ändern, der Auftrieb aber immer nur so groß sein muss wie das Flugzeuggewicht, kann man folgern:

Vergrößert man in diesem Bereich den Anstellwinkel und fliegt damit langsamer, so wächst der induzierte Widerstand annähernd linear, der parasitäre Widerstand sinkt aber quadratisch zur Geschwindigkeit.

Je langsamer man fliegt, umso kleiner wird in diesem Bereich der Gesamtwiderstand (annähernd proportional der Geschwindigkeit). Durch langsameres Fliegen kann man also Kraftstoff sparen.

Im Bereich des geringsten Widerstandes bleibt der Widerstandsbeiwert nahezu konstant, während der Auftrieb stark abnimmt. In diesem Bereich (unterhalb $c_A=0,3$) wird das Fliegen unwirtschaftlich.

Analog dazu die Werte bei $c_A=1,0$ und dem Maximum: Der Auftriebsbeiwert steigt in diesem Bereich nur um gut 30 %, während sich der Widerstandsbeiwert mehr als verdoppelt.

Bei nur geringfügiger Geschwindigkeitsreduzierung steigt also der Luftwiderstand beträchtlich an. Auch hier ist das Fliegen unwirtschaftlich.

Noch deutlicher wird der Zusammenhang im folgenden Prinzipdiagramm. Bei diesem ist der Gesamtwiderstand des Flugzeuges über der Geschwindigkeit aufgezeichnet, der sich aus dem parasitärem und dem induzierten Widerstand zusammensetzt.

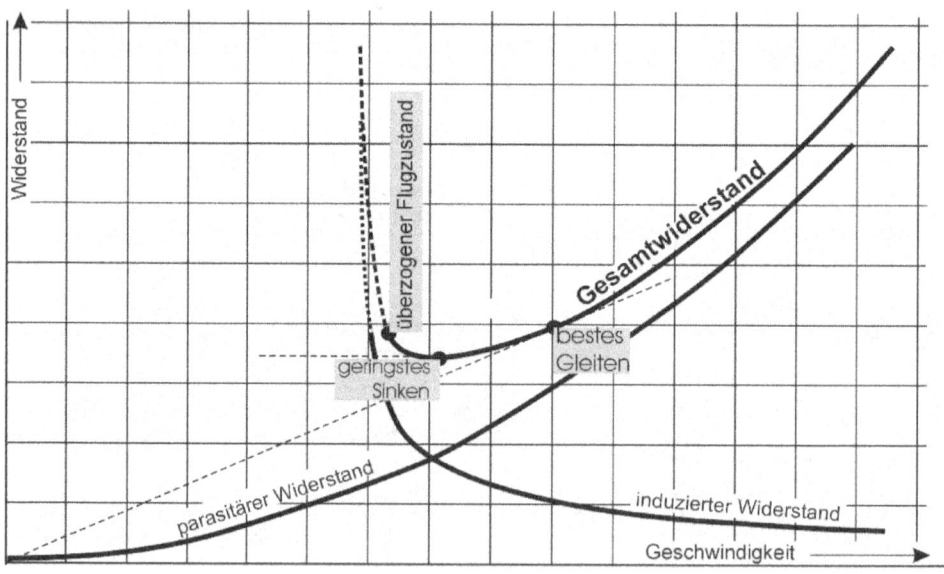

Am Berührungspunkt der vom Nullpunkt ausgehenden Tangente an die Widerstandskurve, ist das Verhältnis von Geschwindigkeit zu Sinkrate optimal. Bei dieser Geschwindigkeit gleitet das Flugzeug ohne Motorleistung am weitesten.

Die horizontale Tangente an die Widerstandskurve kennzeichnet den minimalen Widerstand. Bei dieser Geschwindigkeit hat das Flugzeug ohne Motorleistung die kleinste Sinkrate.

Wird die Geschwindigkeit weiter verringert, so vergrößert ein größerer Anstellwinkel den Auftrieb nicht mehr. Der überzogene Flugzustand ist erreicht.

1.28 Überziehgeschwindigkeit

Die Überziehgeschwindigkeit, im Diagramm die linke Begrenzung der Kurve „Gesamtwiderstand", findet sich in den Handbüchern im Abschnitt „Leistungen".

Dieser Wert gilt für das Flugzeug im unbeschleunigten Horizontalflug für die maximale Abflugmasse und im Allgemeinen für die vorderste Schwerpunktlage.

Bekanntlich wächst der Auftrieb mit dem Quadrat der Geschwindigkeit und muss im unbeschleunigten Horizontalflug immer dem Gewicht gleich sein. Also hängt auch die Überziehgeschwindigkeit vom Quadrat des Gewichtes ab, oder: Die Überziehgeschwindigkeit sinkt mit der Wurzel des Gewichtes.

Verringert man beispielsweise das Gewicht um 10 Prozent (von 1,0 auf das 0,9fache), so verringert sich die Überziehgeschwindigkeit auf das 0,9487fache, also um etwa 5 Prozent.

Aber nicht nur das Gewicht, sondern auch die Schwerpunktlage hat einen nicht geringen Einfluss auf die Überziehgeschwindigkeit: Wird der Schwerpunkt nach hinten verschoben, verringert sich die notwendige vom Höhenleitwerk abwärts gerichtete Kraft (siehe Kapitel „Schwerpunkt"). Dadurch verringert sich der notwendige Auftrieb der Tragfläche um den gleichen Betrag, und damit wird die Überziehgeschwindigkeit kleiner.

Bei gleichem Gewicht, einmal mit hinterster und einmal mit vorderster Schwerpunktlage, kann die Überziehgeschwindigkeit bis zu 5 Prozent differieren.

Die Sauberkeit der Tragflächen hat ebenfalls großen Einfluss auf die Überziehgeschwindigkeit. Hat das Flugzeug ein sehr empfindliches Profil, kann Raureif, der die Oberfläche wie grobes Sandpapier aussehen lässt, die Überziehgeschwindigkeit um bis zu 15 Prozent erhöhen. Sogar Regentropfen auf der Tragfläche verringern den Auftrieb und erhöhen damit die Überziehgeschwindigkeit.

Die größte Bedeutung hat die Schräglage. Bei großer Querneigung steigt das Lastvielfache deutlich an. Damit steigt auch das scheinbare Gewicht, das von der Tragfläche getragen werden muss. Die Überziehgeschwindigkeit steigt bei einer Schräglage von 60° bereits um 41 Prozent an.

Die Überziehgeschwindigkeit ist auch von der jeweiligen Luftdichte abhängig. In großer Höhe ist aufgrund der geringeren Luftdichte die tatsächliche (wahre) Überziehgeschwindigkeit also höher.

Der Fahrtmesser zeigt aber nur unter atmosphärischen Standardbedingungen in Meereshöhe die (wahre) Geschwindigkeit gegenüber der Luft, in größerer Höhe zeigt er also zu niedrig an.

Dieser Fehler ist aber für die Anzeige der Geschwindigkeit des Überziehens nicht relevant, da ja nur die Tatsache des Überziehens, nicht aber die wahre Geschwindigkeit interessiert.

Damit ist die Fahrtanzeige in dieser Hinsicht zuverlässig und richtig.

1.29 Manövergeschwindigkeit

Aus der Überziehgeschwindigkeit lässt sich leicht die Manövergeschwindigkeit ableiten. Dazu müssen zuerst ein paar Zusammenhänge klargestellt werden:

Alle Komponenten eines Flugzeuges werden so leicht wie möglich, aber so haltbar wie unter normalen Betriebsbedingungen erforderlich konstruiert.

Während Militärflugzeuge eines Lastvielfaches von 8g und mehr überstehen müssen, sind die Flugzeuge der Allgemeinen Luftfahrt meist nur auf Belastungen bis etwa 3,8 g ausgelegt.

Treten größere Beschleunigungen auf, so werden auch größere Kräfte wirksam, die möglicherweise nicht nur die Tragflächen, sondern auch Motorträger, Batteriehalterung und andere Befestigungen und Verbindungen überlasten.

Die Kräfte, denen ein Flugzeug im Fluge ausgesetzt ist, werden fast ausnahmslos von den Tragflächen als Auftrieb erzeugt. Dieser ist abhängig vom Quadrat der Geschwindigkeit: Erhöht man die Geschwindigkeit auf das doppelte, vervierfacht sich der Auftrieb. Fliegt man also z.B. eine Steilkurve, bei der das Lastvielfache 4g beträgt, so steigt die Überziehgeschwindigkeit auf den doppelten Wert.

Die Manövergeschwindigkeit ist nun die Geschwindigkeit, bei der die Tragfläche eher überzogen sein soll, als dass mehr als das zulässige Lastvielfache, also 3,8 g auf das Flugzeug wirken können.

Demnach darf die Manövergeschwindigkeit höchstens Wurzel aus 3,8-mal der Überziehgeschwindigkeit im Horizontalflug sein, also exakt 1,95-mal so groß wie diese. (Die Cessna 152 darf allerdings bis 4,4g belastet werden; die Manövergeschwindigkeit liegt also bei dem 2,097fachen der Überziehgeschwindigkeit.)

Fliegt man unterhalb dieser Geschwindigkeit, sind die Kräfte auch bei ruckartigem Ziehen des Höhenruders bis zum Anschlag – egal bei welchem Anstellwinkel - im zulässigen Bereich.

Ebenso kann das Flugzeug die größten Turbulenzen ertragen, so lange die Manövergeschwindigkeit nicht überschritten wird. Sollten Sie also einmal in schwere Turbulenz geraten, dann fliegen Sie bitte langsamer als die Manövergeschwindigkeit.

Da die Überziehgeschwindigkeit gewichtsabhängig ist, ist dies auch bei der Manövergeschwindigkeit der Fall: Sie sinkt bei geringerem als dem maximal zulässigen Gewicht um die Wurzel dieses Prozentsatzes.

In den Handbüchern wird stets die Manövergeschwindigkeit für das maximal zulässige Gesamtgewicht und vorderste zulässige Schwerpunktlage angegeben. Also liegt die zulässige Manövergeschwindigkeit im Normalfalle etwas niedriger.

1.30 Geschwindigkeit geringsten Sinkens

Die Geschwindigkeit des geringsten Sinkens liegt bei Flugzeugen mit festem Fahrwerk und Festpropeller nur etwa 10 % oberhalb der Überziehgeschwindigkeit, also recht niedrig.

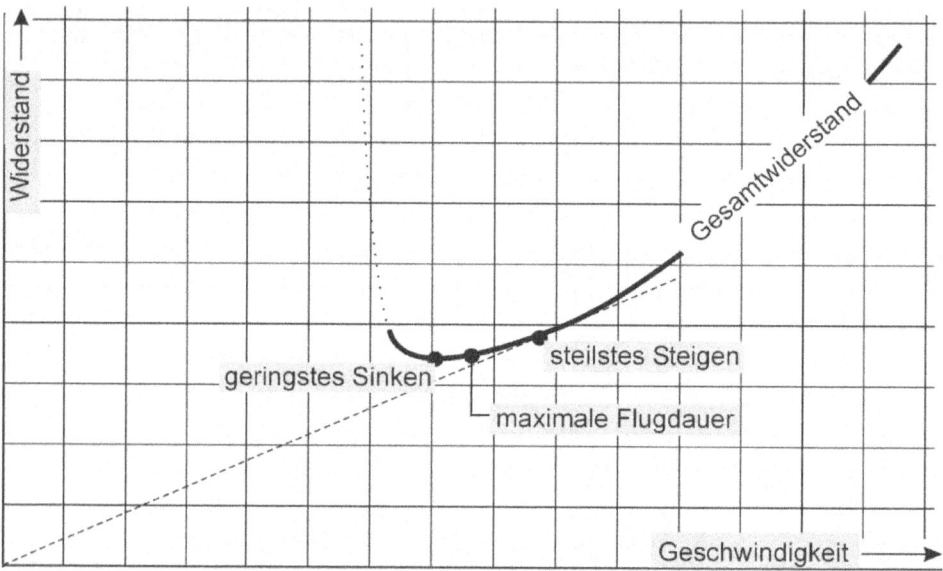

Rein theoretisch gilt diese Geschwindigkeit geringsten Sinkens auch für die längste Flugdauer, denn bei jeder anderen Geschwindigkeit muss mehr Leistung eingesetzt werden, um das Sinken zu kompensieren.

Motor und Propeller sind jedoch für normale Reisegeschwindigkeit ausgelegt und arbeiten bei niedrigerer Geschwindigkeit deutlich unwirtschaftlicher.

So liegt erfahrungsgemäß die Geschwindigkeit für die längste Flugdauer etwa 10 % höher als die Geschwindigkeit geringsten Sinkens, also 20 % oberhalb der Überziehgeschwindigkeit.

Man kann diese Geschwindigkeit sehr einfach ermitteln, indem man versucht, mit der geringstmöglichen Leistungseinstellung (Propellerdrehzahl oder Ladedruck) gerade noch die Höhe zu halten. Die erforderliche Motorleistung liegt bei etwa 40 % der maximalen Leistung. Entsprechend gering ist der Kraftstoffbedarf.

Man sollte die Wichtigkeit dieser Geschwindigkeit nicht unterschätzen.

Ein Beispiel: Gegen Ende eines längeren Überlandfluges ist der Kraftstoffvorrat nicht besonders üppig. Wenn Sie dann aufgrund starken Verkehrsaufkommens in eine Warteschleife geschickt werden, lässt das den Adrenalinspiegel mit zunehmender Dauer deutlich ansteigen.

Fliegen Sie also mit der Geschwindigkeit für die längste Flugdauer. Im Vergleich zur normalen Reisegeschwindigkeit halbiert dies Ihren Kraftstoffverbrauch und Sie können das Flugzeug etwa doppelt so lange in der Luft halten.

Oder ein anderes Beispiel: Sie kommen an einem Platz an, der entgegen der Vorhersage noch im morgendlichen Bodennebel liegt und Sie müssen sich noch eine Weile gedulden, bis die Sonne den Nebel weggebrannt hat. In solchen Fällen ist das Wissen um diese Geschwindigkeit und den geringen Kraftstoffbedarf eine deutliche Schonung der Nerven.

Auch für die Geschwindigkeit steilsten Steigens kann man sich an der Geschwindigkeit geringsten Sinkens orientieren: Aufgrund der besseren Motor- und Propellereffizienz bei höheren Geschwindigkeiten liegt die Geschwindigkeit steilsten Steigens nur leicht oberhalb der Geschwindigkeit der längsten Flugdauer.

1.31 Geschwindigkeit besten Gleitens

Bei dieser Geschwindigkeit gleitet das Flugzeug ohne Motorhilfe bei Windstille am weitesten. Das Verhältnis von Auftrieb zu Widerstand, die Gleitzahl, hat den höchsten Wert.

Die Geschwindigkeit besten Gleitens liegt für Flugzeuge mit festem Propeller und festem Fahrwerk im Bereich der 1,3fachen Überziehgeschwindigkeit.

Wählt man eine niedrigere Geschwindigkeit, wird der Gleitwinkel deutlich schlechter. Fliegt man schneller, ist der Einfluss auf den Gleitwinkel weit weniger dramatisch. Daher sollte man bei einer Landung ohne Motorhilfe, erst recht bei einer Notlandung, im Zweifelsfalle lieber etwas schneller als langsamer anfliegen.

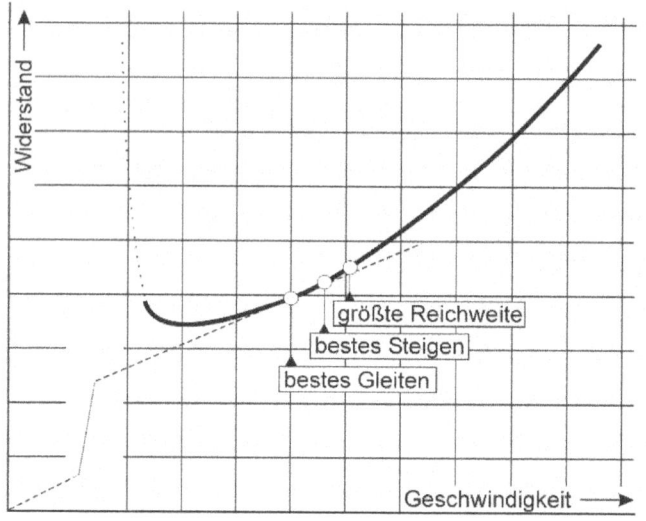

Interessanterweise ist der Gleitwinkel vom Gewicht unabhängig. Je schwerer das Flugzeug ist, umso größer ist zwar die Sinkrate, aber die Geschwindigkeit steigt ebenfalls.

Da beides im gleichen Verhältnis wächst, bleibt der Wert des Gleitwinkels konstant.

Theoretisch müsste das Flugzeug bei dieser Geschwindigkeit auch die höchste Steigrate erzielen. Doch gerade bei Flugzeugen mit Festpropeller ist die Motorleistung stark von der geflogenen Geschwindigkeit abhängig. Außerdem wird der Propeller im Gleitflug vom Luftstrom angetrieben, trägt also deutlich zum Gesamtwiderstand bei, während er im Steigflug zieht. Also liegt die Geschwindigkeit besten Steigens geringfügig höher.

Die Steigrate ist erfahrungsgemäß bei Flugzeugen mit festem Propeller über einen recht breiten Geschwindigkeitsbereich fast gleich: Mit höherer Geschwindigkeit steigt die Motordrehzahl und damit die Leistung. Zwar ist der parasitäre Widerstand größer, aber die größere Motorleistung zusammen mit dem sinkenden induzierten Widerstand wirken dem parasitären Widerstand entgegen.

Mit zunehmender Höhe nimmt die Steigrate aufgrund der geringer werdenden Motorleistung deutlich ab. Die Geschwindigkeit besten Steigens wird geringfügig kleiner, die Geschwindigkeit steilsten Steigens nimmt zu, bis beide Werte in der höchsten Flughöhe, der „Service Ceiling", zusammenfallen.

Mit dem besten Verhältnis von Auftrieb zu Widerstand, hat das Flugzeug auch (theoretisch) die größte Reichweite, da der Motor bei dieser Geschwindigkeit den geringsten Luftwiderstand überwinden muss. In der Praxis liegt für Flugzeuge mit Festpropeller und festem Fahrwerk die Geschwindigkeit der größten Reichweite etwas höher, also bei etwa der 1,5fachen Überziehgeschwindigkeit, da Motor und Propeller für Reisegeschwindigkeit ausgelegt sind.

Alle hier erwähnten Steig- und Reisegeschwindigkeiten müssen in Versuchen ermittelt werden, da sie stark vom Wirkungsgrad von Motor und Propeller abhängen. Sie sollten sie für Ihr Flugzeug möglichst gut kennen und wenn das Handbuch Ihres Flugzeuges nur ungenügende Angaben enthält, ermitteln Sie diese selber. Das geht sehr einfach:

Steigen Sie mit Vollgas und halten dabei eine konstante Geschwindigkeit von beispielsweise 80 Knoten ein. Steigen Sie beispielsweise von 2500 auf 4500 Fuß. Stoppen Sie die Zeit, die Sie brauchen, um von 3000 auf 4000 Fuß zu steigen. Tragen Sie die Messwerte in eine Tabelle ein.

Dann lassen Sie dem Motor ein paar Minuten Zeit, um bei langsamer Reisegeschwindigkeit abzukühlen. Wenn Sie jetzt wieder auf 2500 Fuß sinken, können Sie das mit dem Motor im Leerlauf und ebenfalls konstanter Geschwindigkeit tun. Messen und notieren Sie dabei die Zeit, in denen das Flugzeug von 4000 auf 3000 Fuß sinkt. Das Gleiche tun Sie mit um 5 und 10 Knoten größeren und kleineren Geschwindigkeiten.

Aus den Messwerten können Sie anschließend Diagramme für Steigflug und Sinkflug zeichnen. So erhalten Sie die für Ihr Flugzeug unter den gegebenen Bedingungen richtigen und ungeschönten Daten für

- bestes Steigen
- steilstes Steigen
- geringstes Sinken und
- bestes Gleiten.

2 Starten und Landen

2.1. Der Start

Der Start eines Flugzeuges ist der Übergang vom Rollen zum Fliegen.

Im Theorieunterricht für den PPL wird genügend darauf eingegangen, wie die Roll- und Startstrecken von Wetter- und Bahneinflüssen abhängen. Viele Fakten und Daten dazu liefert jedes Flugzeughandbuch, jedoch werden hier nicht alle Einflüsse genannt.

Regen zum Beispiel bewirkt eine stärkere und längere turbulente Grenzschicht an den Tragflächen. Dadurch steigt der Luftwiderstand der Tragflächen und der Auftrieb sinkt.

Besonders empfindlich sind hier Laminarprofile, die oft bei Kunststoffflugzeugen und Motorseglern verwendet werden. In den Handbüchern ist davon meist nichts erwähnt, doch Regentropfen auf den Tragflächen können gerade bei schwach motorisierten Flugzeugen wie beispielsweise einigen Motorseglern die erforderliche Startstrecke auf das Doppelte verlängern.

Noch schwieriger wird die Abschätzung der erforderlichen Startstrecke, wenn die Kombination der Einflussfaktoren gegensätzliche Auswirkung hat.

Nehmen wir zum Beispiel eine kurze, leicht abschüssige Bahn mit hindernisfreiem Abfluggelände in die eine Richtung und hohe Bäume in der Gegenrichtung.

Kommt der Wind aus Richtung der Bäume, kann es ratsamer sein, lieber mit Rückenwind zu starten als in die Leewirbel der Bäume hineinzufliegen. Als zusätzliche Sicherheit würde das freie Abfluggelände auch im Falle eines Leistungsabfalls des Motors bessere Notlandebedingungen als die Bäume bieten. Die Flugaufsicht wird sich in den seltensten Fällen den Wünschen des Piloten widersetzen, auch wenn offiziell die Gegenrichtung in Betrieb ist.

Die Handbuchwerte sind Messwerte aus den Testflügen, die mit einem fabrikneuen Flugzeug durchgeführt wurden. Sie gelten demnach für ein neuwertiges Flugzeug mit einem Motor, der mindestens seine Nennleistung erreicht.

Bei einem älteren Flugzeug ist aber der Zustand von Motor, Zelle und Tragwerk sowie der Wirkungsgrad des Propellers nicht immer so hundertprozentig, sodass man besser nicht die Grenzen der Leistungsfähigkeit laut Handbuch auslotet.

Ist die Bahn extrem kurz oder sind die Bedingungen fraglich, ist es eine gute Praxis, erst einmal ohne Passagiere und Gepäck eine Platzrunde zu fliegen. Danach lässt sich wesentlich leichter abschätzen, ob die jeweilige Startbahnlänge bei den momentan herrschenden Bedingungen ausreicht, das vollbeladene Flugzeug in die Luft zu bringen. Alle Randbedingungen gelten schließlich gleichermaßen für das vollbeladene Flugzeug.

So ist nur noch das höhere Gesamtgewicht zu berücksichtigen, das quadratisch in die erforderliche Startbahnlänge eingeht. Vergrößern wir das Gesamtgewicht um 10 %, also auf das 1,1fache, so verlängert sich der Startlauf auf das 1,21fache, also um 21%.

Wenn alle Berechnungen und Abschätzungen der erforderlichen Startstrecke positiv abgeschlossen sind, geht es ans praktische Starten.

Sobald Ihr Flugzeug auf der Bahn anrollt, sollten Ihre Füße nicht mehr die Bremsen berühren **können**. So mancher Pilot wunderte sich schon über die schlechte Beschleunigung seines Flugzeuges, weil er bei jeder Kurskorrektur das Flugzeug leicht abbremste oder sogar mit beiden Füßen auf den Bremsen stand.

Auch ist schon öfters ein Reifen „durchgelandet" worden, weil der Pilot die Füße auf den Bremsen hatte und mit gebremsten Rädern aufgesetzt hat.

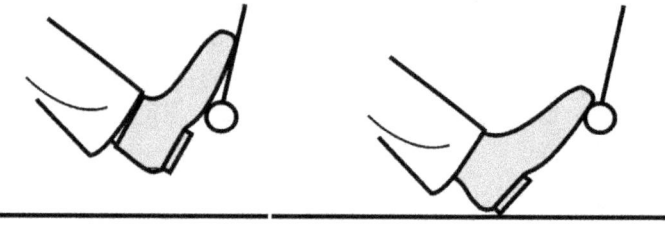

Rollen **Starten und Landen**

Daher gewöhnen Sie sich bitte an, die Füße von den Bremspedalen zu nehmen und die Seitenruderpedale nur mit den Fußballen zu berühren, sobald Sie den Rollweg verlassen haben. Mit den Absätzen am Bodenblech können Sie das Flugzeug auch wesentlich präziser steuern.

Ein weiterer Punkt, der immer wieder bei Starts und Landungen beobachtet werden kann, ist die Benutzung ausschließlich der linken Bahnseite.

Auch ich habe mich als frischgebackener Pilot oft darüber geärgert, dass ich mich trotz besten Vorhabens immer wieder auf der linken Startbahnseite wiedergefunden habe. Die Gründe dafür haben sich erst nach längerer Praxis herausgestellt.

Die erste Ursache ist im „verkehrten" Blickwinkel zu suchen: Wie im Kapitel „Die Kurve" bereits erwähnt, blickt man als Pilot unwillkürlich über die Mitte der Flugzeugnase nach vorne, und das ist nun mal leider nicht in Richtung der Flugzeuglängsachse, sondern nach schräg rechts.

Das nebenstehende Foto ist vom Sitz des Piloten bei stehendem Flugzeug aufgenommen.

Dieser Blickwinkel erscheint im ersten Moment völlig normal. Allerdings befindet sich der Smiley links von der Mitte. Nur dadurch ist erkennbar, dass die Flugzeugnase nach links zeigt.

Erst die Ansicht von außen verrät, wie schief das Flugzeug auf der Bahn steht.

Aus dieser Position werden Sie bereits beim Anrollen auf die linke Bahnseite geraten. (Übrigens: Die meisten Fluglehrer benutzen unwillkürlich die rechte Bahnseite, wenn sie von rechts fliegen.)

Eigentlich sollte ja das Flugzeug wie hier unten im Bild auf der Bahn stehen. Dann zeigt der Smiley genau auf die Bahnmitte.

Versuchen Sie also beim Start immer, den Smiley auf der oder oberhalb der Mittellinie zu halten. Beim Abheben sollte sich der Smiley von diesem anvisierten Punkt aus nur nach oben, jedoch nie zur Seite bewegen.

Ebenso sollten Sie beim Landen bewusst auf den Smiley schauen. So vermeiden Sie, schiebend aufzusetzen.

Eine weitere Ursache der „Linkstendenz" ist in der Drehrichtung des Motors begründet: Sobald man den Gashebel nach vorne schiebt und das Flugzeug zu rollen beginnt, drückt der spiralig um das Flugzeug drehende Propellerstrahl das Seitenruder nach rechts. Das bewirkt eine weitere Tendenz des Flugzeuges, von der Mittellinie weg nach links auszuwandern. Je größer die Motorleistung, umso größer ist auch diese Tendenz.

Verstärkt wird diese noch durch das Reaktionsmoment des Motors, wodurch das linke Hauptrad stärker belastet und damit dessen Rollwiderstand erhöht wird. Man benötigt bisweilen einen unerwartet großen Druck auf das rechte Pedal, um das Flugzeug auf die Mittellinie zurück zu zwingen.

Sobald man nun das Bugrad vom Boden nimmt (rotiert) und dieses keinen Kontakt mehr zum Bahnbelag hat, muss man mit dem Seitenruder die Aufgabe Richtung halten.

Das Seitenruder reagiert viel weicher und indirekter auf Pedalauslenkungen und Pedaldrücke als ein gesteuertes Bugrad, wodurch der gute Vorsatz auf der Mittellinie zu bleiben noch schwieriger in die Tat umzusetzen ist.

Erschwerend kommt hinzu, dass der notwendige Druck auf das rechte Pedal mit zunehmender Geschwindigkeit immer größer wird.

Nochmals verschlimmert wird die Situation dadurch, dass beim Rotieren die Propellerebene gegenüber der Fahrtrichtung geneigt wird und das abwärtsgehende rechte Propellerblatt einen größeren Anstellwinkel als das linke bekommt (siehe Kapitel „Der P-Faktor"). Damit verlagert sich der Zug mehr auf das rechte Propellerblatt und die Linkstendenz des Flugzeuges wird abermals vergrößert.

Man muss also dauernd mit den Füßen arbeiten, um geradeaus zu rollen.

Da der Start als solcher bereits eine hohe Konzentration erfordert, ist es kein Wunder, dass man sich häufig am linken Bahnrand wiederfindet.

Ein kleiner Trick hilft Ihnen, diese Situation zu meistern:

Versuchen Sie erst gar nicht, das Flugzeug auf die Mittellinie zu bringen, Sie schaffen es sowieso erst nach längerer Übung.

Bringen Sie **SICH** auf die Mittellinie! Halten Sie die Mittellinie zwischen den Füßen, das ist viel einfacher als abzuschätzen wo das Bugrad rollt, und der Fehler, den Sie dabei machen, ist kaum größer als Ihre halbe Schulterbreite.

Halten Sie den Smiley immer auf oder über die Mittellinie der Bahn.

Wenn Sie diesen Rat beherzigen, werden Sie stets ohne große Probleme nahezu exakt auf der Mittellinie rollen.

Ein weiteres Phänomen können Sie beobachten, wenn Sie einmal an einem Flugplatz stehen, an dem Anfänger Starten und Landen üben. Sie werden vielleicht bemerken, dass die Flugzeuge während des Abhebens immer kurzzeitig ein wenig nach rechts zu kippen scheinen.

Ursache dafür ist der Propellerstrahl (Slipstream), der sich in Flugrichtung gesehen nach rechts spiralförmig um das Flugzeug dreht und auf die linke Seite des Seitenleitwerks trifft.

Solange das Flugzeug rollt, wird dieser Effekt durch den Boden behindert. Hebt aber das Flugzeug ab, entfällt diese Behinderung und das Flugzeug macht sehr plötzlich einen kleinen Ruck nach links. Dieser Kursänderung begegnen die meisten Anfänger mit einem Querruderausschlag nach rechts, anstatt sie mit dem Seitenruder zu kompensieren.

Die einfachste Abhilfe ist die: Vorausgesetzt es herrscht kein Seitenwind, halten Sie beim Rollen und während des Abhebens das Querruder leicht nach links und Sie werden nicht durch den Linksruck überrascht. Nach dem Abheben halten Sie die Tragfläche mit dem Querruder horizontal und die Richtung mit den Seitenruderpedalen.

2.2 Start von kurzen Bahnen

Im Allgemeinen gibt das Handbuch Aufschluss darüber, wie das Flugzeug zu konfigurieren ist. Die meisten Piloten haben in der Ausbildung gelernt, ihre Cessna mit 10° Klappen zu starten und behalten diese Methode für ihr ganzes Leben bei.

Bei vielen Flugzeugen, auch mancher C 172, empfiehlt das Handbuch jedoch eindeutig eine Klappenstellung von 0°. Dies ist abhängig von Baujahr (!), Motorleistung und Propeller. Es ist also erforderlich, das Handbuch des zu fliegenden Baumusters zu konsultieren.

Nutzen Sie die gesamte Länge der Startbahn, verschenken Sie keinen Meter durch „großzügiges" Einkurven auf die Bahn.

Am Startpunkt stehen Sie voll in den Bremsen und geben Vollgas. Magern Sie das Gemisch auf maximale Leistung ab. Erst wenn der Motor volle Drehzahl hat, lösen Sie die Bremsen.

Lassen Sie das Höhensteuer in der Neutralstellung und gehen erst bei Erreichen der im Handbuch angegebenen Geschwindigkeit steilsten Steigens V_x ziemlich abrupt in den Steigflug, indem Sie den Smiley in die Position für steilstes Steigen ziehen (etwa 10° bis 15° „pitch up"). Diesen „Rotieren" genannten Übergang in den Steigflug sieht man beim Start aller Großflugzeuge.

Wenn ein nennenswerter Gegenwind herrscht, wird die angezeigte Geschwindigkeit während der ersten Höhenmeter steigen. Das liegt daran, dass durch Bodenreibung die Windgeschwindigkeit in Bodennähe deutlich kleiner ist als in der Höhe von 10 bis 30 Metern.

Aber lassen Sie sich nicht täuschen: Oberhalb von 30 Metern können Sie keine weitere Zunahme des Gegenwindes erwarten und die angezeigte Geschwindigkeit nimmt wieder ab.

Wenn Sie sich dabei von der eben erwähnten Änderung der Linkstendenz des Flugzeuges beim Abheben des Bugrades nicht überraschen lassen, sondern konsequent und nachdrücklich die Richtung mit dem Seitenruder beibehalten, haben Sie den schwierigsten Teil des Starts schon hinter sich.

Bis Sie alle nahegelegenen Hindernisse überflogen haben, steigen Sie mit V_x. Diese Geschwindigkeit ist im Handbuch für ein bestimmtes Gewicht, im Allgemeinen das maximal zulässige Startgewicht angegeben.

Ist das tatsächliche Gewicht deutlich geringer, so ist auch V_x um die Wurzel des Verhältnisses vom maximalen zum tatsächlichen Gewicht geringer.

In erster Näherung kann man den halben Prozentsatz nehmen, um den das tatsächliche Gewicht kleiner ist. (Beispiel: Maximal zulässiges Startgewicht = 1000 kg, die zugehörige Geschwindigkeit V_x = 60 Knoten. Dann läge die Geschwindigkeit V_x für ein Gewicht von 900 kg bei 57 Knoten.)

Nach Überfliegen der Hindernisse beschleunigen Sie auf V_y, das heißt, Sie senken den Smiley um etwa 10 Zentimeter.

Sobald V_y und eine positive Steigrate erreicht ist, fahren Sie die Klappen ein.

Auch V_y ist ebenso gewichtsabhängig wie V_x: Der Handbuchwert bezieht sich auf das maximal zulässige und nicht das augenblickliche Gewicht.

Halten Sie die Geschwindigkeit V_y so lange ein, bis zum einen eine sichere Flughöhe erreicht ist, zum anderen der meist lärmsensitive Nahbereich des Flugplatzes hinter Ihnen liegt.

Mit höherer Geschwindigkeit zu steigen erlaubt es, eine größere Strecke bei nur geringer Einbuße der Steigrate zurückzulegen, jedoch dreht der Motor höher und damit steigt der Geräuschpegel. Daher sollten Sie insbesondere bei lärmempfindlichen Flugplatznachbarn erst bei größerer Höhe die Geschwindigkeit steigern.

2.3 Start von weichem Untergrund

Bei dieser Startart will man zwei Dinge erreichen: Der Propeller soll aus dem bodennahen Bereich herausgehalten werden, damit er keine Steine sowie sonstigen Unrat ansaugt und nicht unnötig beschädigt wird.

Weiterhin soll das Gewicht des Flugzeuges so früh wie möglich von den Rädern auf die Tragflächen verlagert werden, um das Einsinken der Räder zu verhindern und den damit verbundenen großen Rollwiderstand so klein wie möglich zu halten. Bei der Cessna 152 und 172 wird dazu meist eine Klappenstellung von 10°, bei der Piper Cherokee eine von 25° empfohlen. Konsultieren Sie das Handbuch Ihres Flugzeuges.

Führen Sie die Prüfung vor dem Start, insbesondere die Magnetprüfung, tunlichst auf einer harten Fläche durch.

Während des gesamten Rollens halten Sie das Höhensteuer bis zum Anschlag gezogen. Sie rollen mit voll gezogenem Höhensteuer auf die Bahn und beginnen den Startlauf mit etwa 40 bis 60% Motorleistung.

Erst wenn das Bugrad deutlich abgehoben hat, geben Sie Vollgas, und erst dann lassen Sie den Zug am Höhensteuer nach. Rollen Sie nun weiter mit einer Pitch Attitude um die 10 Grad und sorgen dafür, dass diese Pitch Attitude konstant bleibt.

Sobald das Flugzeug abhebt, drücken Sie leicht nach, beschleunigen in möglichst niedriger Höhe auf die im Handbuch empfohlene Geschwindigkeit V_x und steigen ganz normal weiter.

Die Klappen können Sie einfahren, sobald Ihre Geschwindigkeit über V_y liegt, das Flugzeug eine positive Steigrate hat und keine Hindernisse mehr zu überfliegen sind.

Ist die Bahn nicht nur unbefestigt, sondern auch kurz, verbietet sich der anfängliche Startlauf mit reduzierter Leistung von selbst. In diesem Fall ist es wichtiger, alle Leistungsreserven für den Start zu mobilisieren, als den Propeller zu schonen. Also geben Sie in diesem Falle so früh wie möglich Vollgas.

Wenn Sie diese Startart üben, werden Sie anfänglich feststellen, dass Ihr Flugzeug während des Rollens immer um die Querachse pendelt und abwechselnd sich aufbäumen oder das Bugrad auf dem Boden fallen lassen will.

Am besten üben Sie das „Bugrad-Hoch- Halten" auf einer langen Bahn:

Sobald die Geschwindigkeit erlaubt das Bugrad hoch zu halten, reduzieren Sie die Motorleistung auf etwa 40% und rollen mit angehobenem Bugrad die gesamte Bahn entlang.

Kurz vor dem Ende der Bahn brechen Sie ab, drehen um und beginnen das Ganze von neuem.

Falls Sie eine nette Towerbesatzung haben und kein Verkehr herrscht, wird man Ihnen möglicherweise gestatten, Ihre Übungen in beiden Richtungen der Bahn zu praktizieren, anderenfalls kehren Sie auf dem Rollweg zurück.

Wenn Sie diese Übung beherrschen, also mit konstanter Pitch Attitude rollen können, brauchen Sie zum echten Starten nur Vollgas stehen zu lassen und den Smiley auf der Position für V_y zu halten. Das Flugzeug wird wie von selbst abheben, im Bodeneffekt auf V_x und dann allmählich über V_y auf Reisesteigflug beschleunigen.

Wollen Sie mit V_y weitersteigen, heben Sie den Smiley so weit an, dass die Geschwindigkeit konstant bleibt.

2.4 Start von unebenem Untergrund

Auf kleineren Flugplätzen sind die Startbahnen oft unbefestigt und haben dementsprechend eine holprige Oberfläche. Startet man auf solchen Plätzen normal, d.h. Höhensteuer neutral bis zum Rotieren, fällt das Bugrad in jede Vertiefung, wird anschließend wieder hochgeschleudert und das Flugzeug stampft um die Querachse wie ein Schiff auf hoher See.

Abgesehen davon, dass Sie Ihre Passagiere dabei ordentlich durchschütteln, wird das Flugzeug mechanisch unnötig beansprucht. Daher sollten Sie auf unebenen Bahnen immer eine Startmethode ähnlich der von weichem Untergrund anwenden.

Sofern das Handbuch keine eindeutige Konfiguration verlangt, bleibt Ihnen überlassen, ob und wieviel Klappen Sie setzen. Der Start mit Klappen bietet bessere Sicht nach vorne, verringert die Startrollstrecke, aber auch die Steigleistung.

Nach der Startüberprüfung rollen Sie mit voll gezogenem Höhensteuer auf die Bahn und beginnen wie beim Start von weichem Untergrund den Startlauf mit 40 bis 60% Motorleistung.

Sobald das Bugrad abhebt, geben Sie Vollgas. Dabei halten Sie die Pitch Attitude ein, die Sie vom Steigflug mit V_y her kennen.

Ist die Geschwindigkeit ausreichend, hebt das Flugzeug wie von allein im Bodeneffekt mit etwa V_x ab, beschleunigt im Bodeneffekt auf V_y und steigt mit etwa dieser Geschwindigkeit weiter.

Halten Sie diese Pitch Attitude ein, bis Sie Sicherheitshöhe (500 Fuß über Grund) haben.

Danach gehen Sie auf Reisesteigflug. Diese Startmethode hat viele Vorteile:

- Der Propeller saugt keinen Unrat auf und wird weitestgehend geschont.
- Das Bugrad kommt nicht ins Flattern.
- Die Richtung des Flugzeuges wird bereits beim Rollen nicht mit der Bugradsteuerung, sondern völlig vom Seitenruder kontrolliert. Damit entfällt der plötzliche Lastwechsel an den Pedalen beim Rotieren.
- Die Kreiselwirkung des Propellers beim Rotieren entfällt.
- Das Flugzeug hebt völlig selbsttätig mit der richtigen Geschwindigkeit ab, eine fehlerhafte Fahrtanzeige kann nicht zu einem Unfall führen.

- Es gibt kein Überziehen beim Start. Der Anstellwinkel kann beim Rollen mit der Pitch Attitude für bestes Steigen nie kritisch werden.
- Ist die Beladung und/oder Dichtehöhe zu groß oder der Motor zu schwach, wird das Flugzeug nicht abheben oder zumindest nicht aus dem Bodeneffekt heraussteigen. Was aber nicht in die Luft gezwungen wurde, kann auch nicht herunterfallen.
- Das Flugzeug macht keine großen Bewegungen um die Querachse, da das Rotieren und Nachdrücken entfällt (Komfort für Passagiere).

Wenn diese Startmethode für unebene Bahnen nur Vorteile hat, so werden Sie zu Recht fragen, warum Sie nicht auch auf ebenen und befestigten Bahnen auf diese Weise starten sollten.

Die Antwort ist ganz einfach: Es gibt keinen triftigen Grund. Einmotorige Kleinflugzeuge sind keine Linienflugzeuge. Sie wiegen wesentlich weniger, kommen mit einem Bruchteil der Startbahnen aus und sind wesentlich langsamer.

Beschleunigen mit dem geringstmöglichen Luftwiderstand bis zum Rotieren bringt bei diesen geringen Geschwindigkeiten keinen nennenswerten Vorteil.

Im Gegenteil, gerade bei älteren Flugzeugen, die auch in der Schulung so manches über sich ergehen lassen müssen, beginnt oft das Bugrad zu flattern und erzeugt dadurch einen überhöhten Rollwiderstand, abgesehen von der hohen mechanischen Belastung der Zelle und des Fahrwerks.

Sind also die Umstände normal (ausreichend lange Bahn, keine Hindernisse im Abflugsektor, keine lärmsensitive Umgebung), empfiehlt sich daher immer eine solche Startart.

Wenn Sie diese beherrschen, werden Sie und Ihre Passagiere begeistert sein, wie scheinbar mühelos und unspektakulär ein solcher Start verläuft.

Video „Normalstart und Beschleunigen auf Vy"

2.5 Start bei Seitenwind

Für viele Anfänger wie für manch einen Geübten ist der Seitenwindstart eine Herausforderung. Aber mit ein paar Kunstgriffen ist er gar nicht so schwierig, wenn man sich den Vorgang klar macht und ein paar einfache Regeln beachtet.

Der Wind greift an der gesamten Seitenfläche des Flugzeuges an. Das verursacht zwei unterschiedliche Wirkungen auf das Flugzeug.

- Der Wind erzeugt eine Kraft, die das Flugzeug von der Bahn zu schieben versucht. Das wird durch den Reibungswiderstand zwischen den Rädern und der Bahn verhindert, solange das Flugzeug Bodenhaftung hat.
- Das Seitenruder wirkt wie eine große Wetterfahne, somit hat insbesondere ein Flugzeug mit Spornrad die Tendenz, die Nase in den Wind zu drehen. Hier hilft Gegensteuern mit dem Seitenruder.

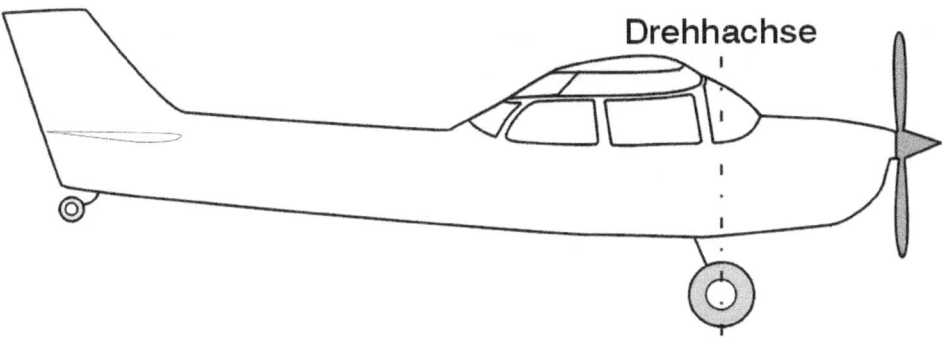

Noch stärker können Sie den Wetterfahneneffekt kompensieren, indem Sie das Steuerhorn voll in den Wind drehen: Der Luftwiderstand des nach unten ausgeschlagenen leeseitigen Querruders erzeugt ein Moment um die Hochachse, welches das Flugzeug nach Lee, also aus dem Wind herauszudrehen versucht.

Der vergrößerte Auftrieb dieses Querruders hebt dabei gleichzeitig diese Tragfläche an, während die luvseitige Tragfläche niedergedrückt wird. Dadurch wird eine (wenn auch kleine) Schräglage des Flugzeuges gegen die Richtung des Seitenwindes hervorgerufen.

Diese dem Seitenwind entgegen gerichtete Auftriebskomponente verringert das Abdriften des Flugzeuges.

Mit zunehmender Geschwindigkeit ist entsprechend weniger Querruder erforderlich, um die Seitenwindkraft und die horizontale Auftriebskomponente im Gleichgewicht zu halten und geradeaus zu rollen.

Je schneller das Flugzeug rollt, umso wirkungsvoller verhindert die Schräglage das seitliche Versetzen des Flugzeuges und Sie können den Querruderausschlag verringern. Bei ausreichender Geschwindigkeit rollt das Flugzeug nur noch auf dem luvseitigen Rad, und sowohl das Abdriften als auch der Wetterfahneneffekt werden voll kompensiert.

Sobald das Flugzeug genügend kontrollierbar ist und die Geschwindigkeit zum Fliegen ausreicht, heben Sie ab. Da Sie ja das Querruder bereits in Richtung des Windes halten, brauchen Sie nur noch die Flugzeugnase mit einem kleinen Pedaldruck in den Wind zu drehen und dann alle Ruder neutral zu stellen.

Das Flugzeug steigt dann mit leichtem Krebsgang entlang der Mittellinie. Natürlich zeigt dann der Smiley ein wenig in den Wind, denn nun fliegen Sie ja mit dem entsprechenden Windvorhaltewinkel.

Können Sie die Bahnrichtung frei wählen, sollten Sie Seitenwind von rechts bevorzugen, da das Flugzeug beim Start stets nach links tendiert, siehe Kapitel „Der Start".

2.6 Start mit Rückenwind

Kürzlich las ich folgenden Unfallbericht:

The airplane collided with trees and the ground at about 1130 Pacific time, shortly after taking off after a touch-and-go landing. The flight instructor was fatally injured; the student pilot sustained serious injuries. The airplane sustained substantial damage to both wings and fuselage. Visual conditions prevailed.

The student reported the touch-and-go landing on Runway 26 was hard and the wind was gusting. After takeoff, the airplane drifted right of the runway centerline and the flight instructor took control. A witness observed the airplane at about 100 feet agl. It began to descend and lose altitude. Shortly thereafter, the wings wobbled and the airplane impacted trees and terrain. Observed weather at the facility included easterly winds at 17 knots, gusting to 23 knots.

Dieser völlig unnötige Unfall hat mich zum Schreiben dieses Kapitels veranlasst:

Normalerweise startet man gegen den Wind. Schließlich benötigt ein Flugzeug dabei die geringste Startstrecke.

Doch manche Flugplätze sind nach einer Seite abschüssig. Weht nun der Wind bergab, so benötigt ein Start gegen den Wind eine Beschleunigung des Flugzeuges bergauf.

Besonders anfänglich beschleunigen dabei schnelle Reiseflugzeuge mit Festpropellern großer Steigung sehr träge, da ein nicht geringer Anteil des Propellers im überzogenen Bereich liegt und wenig Vorwärtsschub erzeugt. Hier kann es sinnvoll sein, bergab zu starten und dabei den Rückenwind in Kauf zu nehmen.

Hat nun das Flugzeug eine ausreichende Fluggeschwindigkeit erreicht, hebt es ab. So weit so gut. Aber jetzt sollten Sie eines bedenken:

Mit zunehmender Höhe nimmt der bodennahe Wind etwa logarithmisch zu. Herrscht eine Windgeschwindigkeit von 10 Knoten (diese wird normalerweise in 10 Metern Höhe gemessen), beträgt sie in zwei Metern Höhe nur 3 Knoten, in 30 Metern Höhe aber 15 Knoten.

Nehmen Sie also nun einmal an, dass Ihr Flugzeug bei 60 Knoten abhebt, dann haben Sie eine Geschwindigkeit über Grund von 63 Knoten, die Ihr Flugzeug aufgrund seiner Masse beibehalten will.

Wenn Sie nun wie gewohnt in den Steigflug gehen, können Sie durch die zunehmende Rückenwindkomponente recht schnell mehr als 10 Knoten verlieren, befinden sich also nahe dem überzogenen Flugzustand. Stehen Ihnen jetzt auch noch Bäume im Weg, verleitet Sie der Instinkt dazu, noch mehr zu ziehen und das Desaster ist vorprogrammiert.

Es ist aber nicht schwierig, die Situation zu entschärfen:

Bleiben Sie im Bodeneffekt, beschleunigen Sie auf sichere Geschwindigkeit und lassen Sie sich nicht durch die nahen Bäume irritieren: Dis Luftströmung folgt der Bodenkontur.

Vor den Bäumen wird der Wind nach oben gelenkt und Sie sind in einer Aufwindzone, die Ihnen zusätzliche Höhe verschafft. Achten Sie also nach dem Abheben auf Ihre Geschwindigkeit, dann wird Ihnen auch ein moderater Rückenwind keine Probleme bereiten.

„Wenn Sie die Bäume überfliegen wollen, zielen Sie erst einmal auf die Baumwurzeln!"

2.7 Durchstarten

Außer beim Üben von Landungen wird kein vernünftiger Mensch zu einem Flugplatz fliegen, nur um durchzustarten und wieder wegzufliegen anstatt dort zu landen. Aus diesem Grund sollten Sie lediglich üben, wie man einen Anflug abbricht, nicht aber eine „Touch-and-Go" Routine entwickeln.

Wollen Sie lediglich Starten und Landen üben, so landen Sie, räumen Ihr Flugzeug auf (Klappen und Trimmung auf Startstellung, Vergaservorwärmung auf „kalt") und entscheiden dann, ob die verbleibende Bahnlänge für einen Start ausreicht. Dann erst geben Sie Gas und starten wieder.

Ist die Bahn sehr kurz, landen Sie, rollen wieder zum Startpunkt und starten erneut. Beides ist eigentlich ein Wieder-Starten und kein Durchstarten.

Durchstarten im eigentlichen Sinne bedeutet, einen Anflug oder Landevorgang **vor** der ersten Bodenberührung abzubrechen.

Anlass zum Durchstarten kann zum Beispiel ein Kollege sein, der den landenden Verkehr nicht beachtet hat und auf die Bahn rollt. Oder Sie stellen fest, dass Sie im Endanflug zu hoch oder zu schnell sind und eine gute Landung nicht sichergestellt ist.

Aber wie startet man richtig durch?

In den Handbüchern heißt es „Klappen stufenweise einfahren!" Das Handbuch der Cessna 172P besagt wörtlich: „Beim Steigen nach dem Durchstarten ist die Klappenstellung sofort nach dem Vollgasgeben auf 20° zu verringern. Müssen während des Steigfluges nach dem Durchstarten Hindernisse überflogen werden, so ist die Klappenstellung auf 10° zu verringern und eine sichere Fluggeschwindigkeit beizubehalten, bis alle Hindernisse überflogen sind."

Die ersten 172er Cessnas hatten mechanisch betätigte Klappen. Bei dieser Konstruktion mag das stufenweise Einfahren sinnvoll gewesen sein. Die nachfolgenden Versionen der 172er haben jedoch elektrisch betätigte Klappen, und bei diesen ist das im Handbuch veröffentlichte Verfahren ziemlich unsinnig. Ich will Ihnen erläutern, warum.

Das Handbuch der Cessna 172P schreibt für eine normale Landung mit vollen Klappen 60 bis 70 Knoten vor (bei Kurzlandungen 61 Knoten), also eine Geschwindigkeit deutlich oberhalb 55 bzw. 59 Knoten, der Geschwindigkeit für steilstes Steigen mit 10° respektive ohne Klappen.

Muss man also während des Landeanfluges (mindestens 60 Knoten, siehe oben) durchstarten, so gibt man logischerweise volle Motorleistung (wie bereits gesagt Vollgas, angereicherte Mischung und Vorwärmung „kalt").

Dabei wird das Flugzeug logischerweise nicht langsamer, sondern schneller. Die Geschwindigkeit ist dann also deutlich höher als die geforderte „sichere Fluggeschwindigkeit"!

Warum also die Klappenstellung erst auf 20° und dann stufenweise reduzieren?

Einige selbsternannten Experten sind der Meinung, das Flugzeug sackt durch, wenn man plötzlich die Klappen einfährt. Diese Behauptung ist aber völlig unsinnig:

Fährt man die Klappen ein, verändert sich der **Einstellwinkel**, also der Winkel zwischen Profilsehne und Flugzeuglängsachse.

Gehen wir einmal davon aus, dass die anfängliche Flugrichtung mit der Flugzeuglängsachse übereinstimmt. Werden nun die Klappen eingefahren, verringert sich mit dem Einstellwinkel auch der **Anstellwinkel** auf nicht einmal die Hälfte. Dass das Flugzeug dabei ins Bodenlose fällt, ist einleuchtend.

Das Durchsacken beruht demnach nur auf dem Unvermögen des Piloten, den Anstellwinkel und damit den Auftrieb beizubehalten. Der Pilot muss also lediglich zeitgleich mit dem Einfahren der Klappen den Smiley um etwa 10 Zentimeter anheben und Anstellwinkel und Auftrieb bleiben erhalten. Warum dieser Vorgang stufenweise erfolgen sollte und nicht kontinuierlich erschließt sich mir nicht.

106

Mein Durchstarten läuft folgendermaßen ab:

Alle Motor-Leistungshebel nach vorne, Klappenschalter auf 0° stellen und baldmöglichst die Pitch Attitude für bestes Steigen V_y einnehmen. Letzteres macht das Flugzeug fast von alleine. Probieren Sie es einfach einmal aus und Sie werden verblüfft sein!

Hoch- oder Schulterdecker nehmen nämlich bei plötzlich einsetzender Motorleistung recht abrupt die Nase hoch. Ursache ist der recht große Abstand der Klappen mit ihrem großen Luftwiderstand oberhalb des Schwerpunktes, dazu kommt der plötzlich einsetzende Propellerstrahl auf das Höhenleitwerk, der die dort aerodynamisch erzeugte abwärts gerichtete Kraft deutlich vergrößert.

Also müssen Sie nach dem Einstellen der Pitch Attitude auf V_y zunächst sogar das Höhensteuer drücken, damit das Aufbäumen des Flugzeuges begrenzt wird. (Tiefdecker, bei denen die Klappen unterhalb des Schwerpunktes liegen, sind da allgemein weniger empfindlich, verlangen meist sogar einen Zug am Höhensteuer.)

Je weiter die Klappen einfahren, umso kleiner wird der notwendige Druck auf das Höhensteuer. Da die Klappen für den vollen Weg etwa 7 bis 10 Sekunden brauchen, müssen Sie das Steuerhorn nur für wenige Sekunden drücken. Bei einer Klappenstellung um die 15° ist dieser Druck nicht mehr erforderlich, danach müssen Sie sogar noch etwas ziehen, um die Pitch Attitude beizubehalten.

Sie können das problemlos in sicherer Höhe ausprobieren und üben:

Fliegen Sie mit der Konfiguration für den Endanflug (geringe Motorleistung und vollausgefahrene Klappen).

Dann geben Sie Vollgas, stellen den die Klappenschalter auf „Einfahren" und heben den Smiley auf die Pitch Attitude für den Steigflug. Sie werden feststellen, dass das Flugzeug dabei weder durchsackt noch an Geschwindigkeit verliert.

Anders verhalten sich Tiefdecker mit mechanisch betätigten Klappen. Bei diesen können die erforderlichen Steuerkräfte sehr groß werden. Fährt man in diesen Fällen die Klappen stufenweise ein, ändern sich die Steuerkräfte ebenfalls in kleineren Stufen, die man leichter beherrschen kann.

2.8 Vorbereiten zur Landung

Ein Passagier oder Außenstehender kann im Normalfalle kaum beurteilen, wie gut der Pilot sein Flugzeug beherrscht. Bei Landungen jedoch spürt und sieht er deutlich den Unterschied zwischen einer guten Landung und einer bloßen Ankunft.

Ähnlich wie beim Start, müssen Sie auch beim Landen die Einflüsse von Flugzeug, Landebahn und Wetterbedingungen berücksichtigen. Dies wird in der PPL-Theorie ausgiebig behandelt. Kaum ausreichend wird jedoch analysiert, wie sich der Übergang vom Fliegen zum Rollen im Einzelnen abspielt.

Generell kann man das Landen in drei aufeinanderfolgende, grundlegend unterschiedliche Phasen einteilen:

- Endanflug (Segment a),
- Abfangen (Segment b) und
- Ausschweben (Segment c).

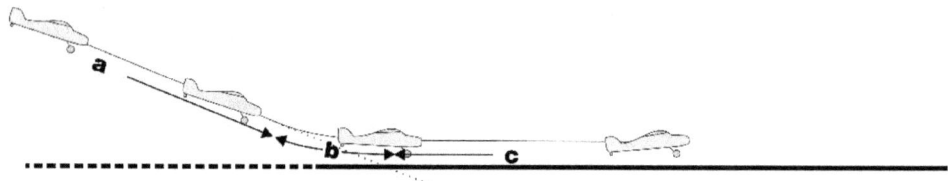

2.9 Endanflug

Im Endanflug müssen Sie drei Dinge unter einen Hut bringen:
- Die Positionierung des Flugzeuges auf die verlängerte Mittellinie der Bahn,
- die Geschwindigkeit und den
- Gleitwinkel.

Beginnen Sie also die Kurve vom Quer- in den Endanflug so, dass Sie mit einer Schräglage von 15° bis 20° beim Ausrollen aus der Kurve über der verlängerten Mittellinie der Bahn ankommen.

Bei Hoch- oder Schulterdeckern ist anfänglich die Sicht auf die Bahn während der Kurve durch die Tragfläche verdeckt. Es wird Ihnen daher kaum gelingen, mit einem konstanten Kurvenradius die verlängerte Mittellinie der Bahn zu treffen. Beginnen Sie die Kurve mit einem kleinen Radius (größerer Schräglage), können Sie die im letzten Teil der Kurve die Bahn sehen und Ihren Kurvenradius den Gegebenheiten anpassen.

Sollten Sie trotzdem seitlich versetzt sein, fliegen Sie einfach eine S-Kurve zur verlängerten Mittellinie.

Versuchen Sie nun, die Flugzeuglängsachse während des gesamten Anfluges sowohl auf der Mittellinie als auch parallel zu derselben zu halten. Dazu folgender Tipp:

Sind Sie nur wenige Meter seitlich versetzt, leiten Sie einen kleinen Slip in Richtung der Mittellinie ein und halten dabei den Smiley mit dem Seitenruder auf dem Aufsetzpunkt. Schon bei sehr geringer Schräglage beginnt sich das Flugzeug langsam in Richtung Mittellinie zu bewegen. Das Flugzeug benötigt dabei relativ viel Zeit, bis es reagiert. Es hat immerhin einige Masse, die erst einmal in seitliche Bewegung gebracht werden muss. Die dafür verfügbare seitliche Komponente des Auftriebs ist relativ klein.

Genauso müssen Sie dem Flugzeug auch Zeit lassen, diese Seitwärtsbewegung wieder zu beenden: Auch für das Abbremsen der Seitwärtsbewegung haben Sie nur die horizontale Komponente des Auftriebs zur Verfügung. Also: Immer kleine Schräglagen, aber diese für mehrere Sekunden halten.

Das Seitenruder verlangt dabei ebenfalls keine großen Ausschläge: Gerade so viel wie nötig, um den Smiley auf dem Aufsetzpunkt zu halten, keinesfalls mehr.

Sie können dieses leichte Slippen wunderbar üben, wenn Sie entlang einer geraden Bahnstrecke oder Autobahn fliegen. Benutzen Sie den Mittelstreifen als Mittellinie und versuchen Sie, in sicherer Höhe „auf dem Mittelstreifen" entlang zu fliegen.

Wenn Sie ein paar Sekunden eine Tragfläche leicht schräg halten, werden Sie sehen, dass das Flugzeug langsam seitlich zu traversieren beginnt. Dieses Traversieren hört aber nicht abrupt auf, wenn Sie die Tragflächen wieder in die horizontale Lage bringen. Durch die Massenträgheit bewegt sich das Flugzeug noch ein ganzes Stück weiter. Sie benötigen daher eine entgegengesetzte Querlage, wenn Sie das Traversieren beenden wollen.

Mit solchen Übungen entlang einer Autobahn verbessern Sie deutlich Ihren Anflug und damit Ihre Landetechnik, und das, ohne Landegebühren zahlen zu müssen oder den Platzverkehr zu stören.

Der nächste, wohl wichtigste Punkt ist die Geschwindigkeit.

Fliegt man immer wieder mit unterschiedlichen Geschwindigkeiten an, reagiert das Flugzeug jedes Mal anders, sowohl beim Abfangen aus dem Sinkflug als auch bei dem anschließenden Ausschweben.

Halten Sie aber die Anfluggeschwindigkeit stets genau ein, so ist zumindest die Ausgangsposition für die Landung immer gleich.

Je früher Sie also die richtige Geschwindigkeit für den Endanflug einstellen, umso mehr Zeit bleibt Ihnen für Korrekturen. Deshalb sollten Sie die Geschwindigkeit gleich nach dem Eindrehen in den Endanflug sauber einstellen und gegebenenfalls die Ruderkräfte wegtrimmen.

Meist ist die Geschwindigkeit zu hoch. Versuchen Sie gar nicht erst, mit einer Verringerung der Motorleistung die Geschwindigkeit zu reduzieren. Das dauert viel zu lange. Die Abhilfe ist viel einfacher:

Halten Sie den Smiley für ein paar Sekunden eine Handbreit höher. Innerhalb von wenigen Sekunden hat das Flugzeug die überschüssige Fahrt verloren.

Sie können den Smiley wieder auf annähernd den vorigen Wert absenken, jetzt die Motorleistung geringfügig reduzieren und nachtrimmen.

Die Höhe ist bis zum derzeitigen Zeitpunkt noch relativ uninteressant, sollte aber im Normalfalle bei 600 Fuß über Grund liegen. Damit dauert der Endanflug bei einer normalen Sinkrate etwas länger als eine Minute. Welche Sinkrate aber ist normal?

Hört man sich an den Fliegerstammtischen um, so werden die unterschiedlichsten Meinungen vertreten. Speziell Piloten, die auch Segelflugzeuge fliegen, befürworten häufig hohe Sinkraten, also einen steilen Anflug ohne Motorleistung, wie sie das auch vom Segelflugzeug her gewohnt sind. Ihr Argument dafür ist, dass ein Motorausfall in Bodennähe deutlich vor dem Fluggelände in der Regel in einen Totalverlust des Flugzeuges mündet.

Ein Motorschaden ist jedoch gerade in dieser Flugphase eher unwahrscheinlich:

Ein Motor, der stundenlang mit hoher Reiseleistung zuverlässig gelaufen ist, wird wohl kaum seinen Dienst quittieren, nur weil ihm plötzlich eine deutlich geringere Leistung abverlangt wird. Daher ist dieses Argument nicht sehr stichhaltig.

Gegen einen steilen Anflug sprechen noch viel triftigere Gründe:

Ohne Motorleistung und mit Landeklappen werden hohe Sinkraten erreicht. Man sollte sich jedoch mit 500 Fuß pro Minute begnügen, einem Wert, der einen guten Kompromiss zwischen ausreichender Sinkrate und erträglichem Druckanstieg darstellt. Nicht umsonst wird auch bei Flugzeugen mit Druckkabine dieser Wert standardmäßig in der Kabine für den Landeanflug eingestellt.

Segelflugzeuge haben Störklappen, die bei gleicher Geschwindigkeit große Unterschiede in der Sinkrate ermöglichen.

Motorflugzeuge haben keine solche Einrichtung. Die nahezu einzige Möglichkeit, den Gleitwinkel bei einem Motorflugzeug einzustellen, ist also die Änderung der Motorleistung.

Selbst wenn ein Pilot Höhe und Entfernung so gut einschätzen könnte, dass er zum richtigen Zeitpunkt den Motor auf Leerlauf stellen und stets mit der richtigen Geschwindigkeit genau den Aufsetzpunkt treffen könnte, so wäre das nur bei immer dem gleichen Gegenwind möglich.

Nehmen wir einmal ein Flugzeug mit einem Gleitwinkel entsprechend einer Gleitzahl von 1:6 an, dann würde dieses aus 600 Fuß (200 Metern) Höhe bei Windstille 1200 Meter weit fliegen.

Der Anflugwinkel wäre mit dem Gleitwinkel identisch.

Nehmen wir weiter eine übliche Anfluggeschwindigkeit von 60 Knoten an, es herrscht aber ein Gegenwind von gerade einmal 10 Knoten. Der Anflugwinkel würde sich deutlich verschlechtern, und das Flugzeug wäre 200 Meter vor der Bahn am Boden. Hier hilft nur höhere Motorleistung.

Die Entfernung und Höhe einzuschätzen wird umso schwieriger, je mehr sich die Bedingungen vom Gewohnten unterscheiden. Entfernungen erscheinen erfahrungsgemäß bei Dunst größer, bei sehr klarer Sicht kleiner, eine ungewohnt breite Bahn näher als eine schmale. Ebenso wird das Auge durch ansteigendes oder abfallendes Gelände getäuscht.

Somit wäre der steile Anflug ohne Motorleistung auf den Heimatflugplatz bei normalen Sichtbedingungen limitiert.

Ein weiterer Punkt spricht gegen den Anflug ohne Motorhilfe: Je steiler der Anflugwinkel, umso heftiger muss das Flugzeug beim Übergang in den Horizontalflug abgefangen werden. Ein flacher Anflugwinkel vereinfacht das Abfangen.

Sollte sich der Befürworter des motorlosen Anfluges einmal verschätzt und den Endanflug zu hoch eingeleitet haben, so kann er nur noch durchstarten oder, wenn er versiert genug ist, in die Trickkiste greifen (Siehe Kapitel „zu hoher Endanflug".) Wesentlich einfacher ist es aber, lediglich die Motorleistung zu verringern.

So viel also zum Thema Anflugwinkel.

Nachdem Sie also Ihr Flugzeug auf der verlängerten Mittellinie positioniert und die Geschwindigkeit stabilisiert haben, interessieren Sie sich dafür, wo der Smiley hinzeigt.

Im Normalfall sollte der Smiley etwa auf den Anfang der Bahn zeigen. Der Punkt, an dem das Flugzeug aufsetzt, liegt jedoch ein ganzes Stück weit dahinter. Der Grund dafür: Das Abfangen aus dem Sinkflug erfordert einen zusätzlichen Auftrieb. Sie müssen also noch recht schnell fliegen.

Auf der anderen Seite sollten die Räder erst dann den Boden berühren, wenn das Flugzeug möglichst langsam ist, also nahe der Überziehgeschwindigkeit (das schont Reifen und Fahrwerk).

Sie benötigen daher eine gewisse Zeit und Strecke, in der das Flugzeug die Geschwindigkeit abbaut.

Wie hoch Sie den Smiley über oder unter den Bahnanfang halten müssen, hängt vom jeweiligen Beladungszustand des Flugzeuges, der Klappenstellung und dem Gegenwind ab. Wichtig ist in jedem Fall, den Smiley erst einmal fest auf dem einmal anvisierten Punkt zu halten.

Verändert sich allmählich die Geschwindigkeit oder weicht die Höhe vom gewünschten Gleitpfad ab, regeln Sie mit Motorleistung und Pitch Attitude nach (siehe Kapitel „Sinkflug").

Das bedeutet aber nicht, dass Sie dauernd auf Höhenmesser und Fahrtanzeige starren und das Fliegen der Trimmung überlassen! Im Gegenteil!

Halten Sie den Smiley dauernd im Blickfeld und die Pitch Attitude konstant. Alle 10 Sekunden ein kurzer Blick auf die Fahrtanzeige verrät, ob Sie etwas tun müssen.

Zu große Korrekturen, die wieder teilweise rückgängig gemacht werden müssen, bringen Unruhe in den gesamten Anflug.

Machen Sie lieber zwei- oder dreimal eine kleinere Korrektur in der gleichen Richtung. Im Allgemeinen liegen die notwendigen Korrekturen der Pitch Attitude bei einer Daumenbreite, die der Motorleistung bei lediglich 100 RPM.

Üben Sie den Anflug so oft Sie können, und starten Sie kurz vor Erreichen der Bahn wieder durch. Sie können damit eine Menge Landegebühren sparen.

Üben Sie auf Militärplätzen. Wenn Sie freundlich fragen und es herrscht kein Betrieb, so bieten Sie den Soldaten oft eine willkommene Abwechslung.

Sagen Sie von vorn herein, dass Sie VFR Landeanflüge üben wollen. Meist sind Sie willkommen.

2.10 Abfangen

Beim Abfangen werden die häufigsten Fehler gemacht, denn es ist ein schwieriges Manöver, für das nur kurze Zeit verfügbar ist:

Zuerst muss das Flugzeug vom Sinkflug in den Horizontalflug gebracht werden. Aufgrund seiner Masse will es aber seine abwärtsgerichtete Bahn beibehalten. Also muss eine Kraft das Flugzeug in die horizontale Richtung bringen. Diese Kraft erzeugt man, indem man am Höhensteuer zieht und dadurch den Anstellwinkel und damit den Auftrieb vergrößert.

Höheren Auftrieb erreicht man aber nur, wenn man deutlich schneller fliegt als mit der Geschwindigkeit geringsten Sinkens (siehe Diagramm im Kapitel „Geschwindigkeit besten Gleitens").

Sobald aber das Flugzeug horizontal weiterfliegt, ist dieser zusätzliche Auftrieb nicht mehr notwendig und Sie müssen den Zug am Höhensteuer nachlassen, damit das Flugzeug nicht wieder steigt. Das ist einfacher gesagt als getan.

Oft sieht man, dass Piloten ihr Flugzeug wenige Zentimeter über dem Boden hervorragend abfangen, dann aber wieder steigen und aus 5 Metern Höhe einen neuen, diesmal verkorksten Landeversuch unternehmen.

Ursache ist hauptsächlich, dass diese Piloten die Stellung des Steuerhorns nach dem Ziehen beibehalten.

Um diesen fundamentalen Fehler zu vermeiden, können Sie den Übergang vom Sinkflug in den Horizontalflug in zwei oder drei kleinen Stufen ausführen:

In etwa 5 Metern über dem Boden heben Sie den Smiley nur 5 Zentimeter an und verringern damit Ihre Sinkrate.

Ist die neue Sinkrate stabilisiert und Sie sind dem Boden entsprechend nähergekommen, reagieren Sie mit dem Anheben des Smileys um weitere 5 Zentimeter. Dies machen Sie so oft, bis das Flugzeug in wenigen Zentimetern Höhe über die Bahn schwebt, ohne wieder zu steigen. Mit zunehmender Routine wird aus einem solchen schrittweisen Abfangen ein kontinuierlicher Vorgang.

2.11 Ausschweben und Landen

In dieser letzten Phase der Landung ist es das Ziel, die Geschwindigkeit des Flugzeuges zu verringern und erst dann Bodenkontakt zu bekommen, wenn die Tragflächen überzogen sind.

Während des Ausschwebens verringert sich die Geschwindigkeit stark degressiv, das heißt, je langsamer das Flugzeug wird, umso schneller baut die Fahrt ab. Daher müssen Sie nach dem Abfangen den Anstellwinkel, hier gleichbedeutend mit der Pitch Attitude, nicht nur kontinuierlich, sondern zunehmend vergrößern.

Diese Phase des Fluges ist besonders schwer zu erlernen, zumal sie lediglich einmal während jeder einige Minuten lang dauernden Platzrunde für nur wenige Sekunden geübt werden kann. Sie müssen

1. das Flugzeug präzise über der Mittellinie halten,
2. Flugrichtung und Flugzeuglängsachse exakt parallel der Mittellinie ausrichten und
3. den Anstellwinkel als Folge der abnehmenden Geschwindigkeit kontinuierlich vergrößern.

Im normalen Geschwindigkeitsbereich sind Sie bereits mit den Abläufen vertraut, siehe Kapitel „Geradeausflug mit hängender Fläche" und „Pitch Attitude". Jetzt müssen Sie diese Übungen in Bodennähe kombinieren.

Dabei können Sie die Übungszeit deutlich verlängern, indem Sie in niedriger Höhe und Geschwindigkeit über die gesamte Länge der Bahn fliegen ohne zu landen. Suchen Sie sich dazu einem Flugplatz mit möglichst langer Piste.

Sobald Sie mit dem Ausschweben des Flugzeuges begonnen haben, erhöhen Sie die Motorleistung so weit, dass Sie die Landebahn mit konstanter Geschwindigkeit überfliegen können.

Beginnen Sie mit einer Geschwindigkeit von 10% über VS0 und einer Höhe, die Ihnen genügend Platz für Fehlerkorrekturen lässt.

Fliegen Sie für einige Sekunden genau über der Mittellinie, dann ein paar Sekunden einen Meter rechts davon, wieder zurück zur Mittellinie und dann für ein paar Sekunden etwa einen Meter nach links und so weiter. Am Ende der Bahn starten Sie durch und wiederholen den Anflug.

Mit zunehmender Routine verringern Sie schrittweise sowohl die Höhe über der Bahn als auch die Geschwindigkeit. Dabei können Sie sich an das zunehmend schwammige Verhalten des Flugzeuges gewöhnen.

Prägen Sie sich dabei die Pitch Attitude ein. Diese sollte etwa derer im normalen Steigflug entsprechen.

Wenn Sie sich sicher genug fühlen, reduzieren Sie die Motorleistung geringfügig und das Flugzeug wird mit einer sehr geringen Sinkrate aufsetzen und Sie sind gelandet.

Bedenken Sie dabei: Der Propellerstrahl auf das Höhenruder ändert sich bekanntlich mit der Motorleistung. Wenn Sie die Motorleistung schlagartig reduzieren, verringern Sie damit die abwärts gerichtete Kraft des Höhenruders deutlich und ohne sofortige Korrektur wird das Flugzeug ziemlich heftig mit dem Bugrad aufschlagen. Das ist sehr unangenehm, denn dabei ändert sich der Anstellwinkel der Tragfläche und das Flugzeug steigt unvermittelt wieder hoch. Ändern Sie also die Motorleistung behutsam. Dann haben Sie ausreichend Zeit, den Anstellwinkel entsprechend zu korrigieren.

Die Landung mit etwas Motorleistung hat mehrere Vorteile:

Die Geschwindigkeit verringert sich viel langsamer als ohne Motorleistung. Sie verlängern zwar damit Ihre Landestrecke, aber Sie haben viel mehr Zeit, den Anstellwinkel oder besser gesagt die Pitch Attitude der geringer werdenden Fahrt anzupassen. Weiterhin hat der Propellerschub eine vertikale aufwärtsgerichtete Komponente. Diese entlastet die Tragfläche und verringert somit die erforderliche Geschwindigkeit.

Hat das Flugzeug den Boden mit den Haupträdern berührt und Sie wollen am Boden bleiben, reduzieren Sie die Motorleistung auf Leerlauf und behalten Sie die Pitch Attitude bei, indem Sie das Höhensteuer immer weiter bis zum Anschlag ziehen. Die Tragflächen wirken dabei wie ein Bremsfallschirm. Sie schonen dadurch die Bremsbeläge.

Ein weiterer positiver Nebeneffekt: Das Bugrad kann nicht flattern (denn schließlich berührt es ja nicht den Boden) und erst bei sehr geringer Geschwindigkeit senkt es sich sanft wie von selbst ab und knallt nicht mit einem deutlichen Schlag auf die Bahn.

Ihre Passagiere und Ihr Flugzeug werden es Ihnen danken.

2.12 Landung auf weichem Untergrund

Bei weichem Untergrund besteht immer die Gefahr, dass die Räder tief einsinken und sich das Flugzeug im schlimmsten Fall überschlägt.

Bei solchen Bedingungen ist es ratsam, schneller als normal anzufliegen, damit Sie, falls die Räder einsinken, genügend Geschwindigkeit haben, um die Landung abzubrechen.

Stellen Sie sich also vor, Sie fliegen mit Ihrem Flugzeug an einem menschenleeren Sandstrand entlang und sehen plötzlich einen attraktiven Menschen des anderen Geschlechts und wollen unbedingt landen. Sie wissen aber nicht, ob der Sandstrand ausreichend trägt.

Sie bringen also Ihr Flugzeug in Landekonfiguration (volle Klappen) lassen aber genügend Gas stehen, um mit nur sehr kleiner Sinkrate dem Boden näher zu kommen. Sie „prüfen" den Boden ganz behutsam, möglichst nur mit einem Hauptrad (also mit einem kleinen Sideslip).

Sollte das Rad einsinken, erhöhen Sie sofort wieder die Motorleistung heben wieder ab.

Wenn aber der Boden trägt, lassen Sie das Flugzeug mit beiden Haupträdern aufsetzen, nehmen die Motorleistung auf Leerlauf zurück und halten das Bugrad hoch, bis es sich trotz voll gezogenem Höhensteuer von allein absenkt. Das geht viel sanfter, als wenn Sie das Bugrad bewusst aufsetzen wollen.

Solch eine Landung auf weichen Untergrund ist gleichzeitig die schonendste Art der Landung, denn Sie berühren den Boden mit kleinstmöglicher Geschwindigkeit und geringster Sinkrate. Daher besteht eigentlich auch generell kein Grund, nicht immer so zu landen, zumindest bei ausreichend langer Landestrecke.

Oder?

2.13 Landung auf kurzen Bahnen

Im Kapitel „Ausschweben und landen" wird bereits deutlich, dass die Landeschwelle, die man beim Landeanflug normalerweise anvisiert, eine beträchtliche Strecke vor dem Punkt liegt, an dem die Räder den Boden berühren. Dabei verschenken Sie aber die Landestrecke von der Schwelle bis zum Aufsetzpunkt.

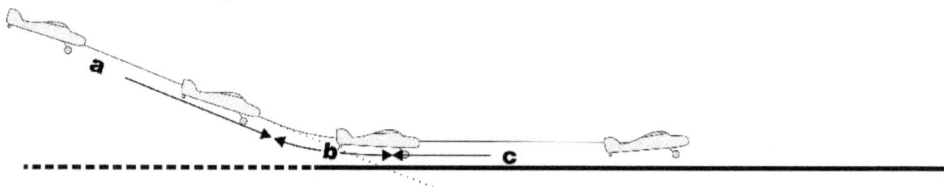

Wollen Sie aber auf einer kurzen Bahn landen, machen Sie sich dadurch nur das Leben schwerer als notwendig. Dem Flugzeug ist es letztendlich gleichgültig, ob es über Asphalt oder über Gras ausschwebt.

Ist also das Gelände vor der Bahn hindernisfrei, können Sie getrost auf einen Punkt weit vor der Bahn zielen und, vorausgesetzt die Luft ist nicht allzu turbulent, über unbefestigtem Gelände ausschweben, bis sich das Flugzeug auf nahezu seine Überziehgeschwindigkeit verlangsamt hat.

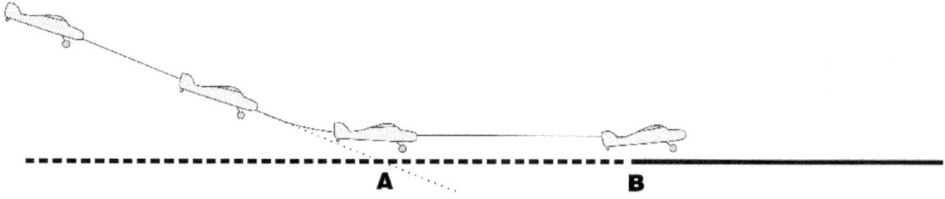

Sollte aber das Flugzeug zu langsam werden und Sie ziehen am Höhensteuer, fällt das Flugzeug förmlich aus der Luft! In diesem Geschwindigkeitsbereich bewirkt eine Erhöhung des Anstellwinkels eine Erhöhung des induzierten Widerstandes, der Auftrieb wird aber kleiner!

Die einzige Möglichkeit, den Auftrieb zu vergrößern ist höhere Geschwindigkeit, und dazu benötigen Sie mehr Motorleistung und kleineren Anstellwinkel.

Sollte das Flugzeug also dem Boden zu nahekommen, geben Sie behutsam Gas, halten aber die Pitch Attitude nahezu konstant.

Sobald Sie über der befestigten Bahn sind, reduzieren Sie die Motorleistung auf Leerlauf, das Flugzeug „setzt sich hin", und Sie bremsen je nach Bedarf. Sie werden überrascht sein, wie langsam das Flugzeug im Bodeneffekt noch fliegen kann und wie wenig Landestrecke Sie brauchen.

Die unangenehmste Konstellation, die man sich vorstellen kann, ist eine kurze Bahn mit Hindernissen im Anflugsektor. Hier ist ein steiler Anflug mit vollen Klappen unumgänglich.

Halten Sie die im Handbuch empfohlene Geschwindigkeit bis zum Abfangen konstant ein. Sobald Sie die Hindernisse überflogen haben, reduzieren Sie die Motorleistung auf Leerlauf und setzen ohne langes Ausschweben auf. Senken Sie ohne Zögern das Bugrad auf den Boden und bremsen Sie. Ziehen Sie dabei voll das Höhensteuer. Das entlastet das Bugrad ein wenig.

Hin und wieder wird empfohlen, die Landeklappen beim Bremsen einzufahren, um den Anpressdruck der Reifen auf die Bahn zu erhöhen. Für Flugzeuge mit Einziehfahrwerk ist diese Empfehlung nicht ohne Gefahr: Zu häufig wurde in der Anspannung der ungewohnten Situation der Klappenhebel mit dem Fahrwerkshebel verwechselt, und das Fahrwerk kollabierte beim Ausrollen.

Vorsicht auch beim Bremsen! Man überhört leicht das Quietschen, wenn die Räder blockieren. Darum bremsen Sie zumindest anfänglich intermittierend („Stotterbremse"), bis Sie eine deutliche, dem Bremsdruck proportionale Bremswirkung spüren.

Videos "Kurzlandung"

Cockpitansicht

Außenansicht

2.14 Landung bei Seitenwind

Die Seitenwindlandung wird oft zu Unrecht als schwierig angesehen. Sie müssen lediglich folgende Voraussetzungen erfüllen:

- Halten Sie das Flugzeug während des gesamten Endanfluges auf der verlängerten Mittellinie,
- Richten Sie beim Aufsetzen die Längsachse des Flugzeuges auf die Landebahn aus.
- Die Bewegungsrichtung des Flugzeuges muss der Flugzeuglängsachse entsprechen.
- Das Flugzeug darf den Boden während des Landens nur mit den Haupträdern, keinesfalls mit dem Bugrad berühren.

Die erste Forderung kann man auf zwei Arten erfüllen: Man fliegt mit Vorhaltewinkel oder man slippt.

Fliegen Sie mit Vorhaltewinkel, so hat das Flugzeug während des gesamten Anfluges eine normale Fluglage. Sobald Sie aber das Flugzeug auf die Mittellinie der Bahn ausrichten greift der Wind seitlich am Flugzeug an und versucht es von der Bahn zu schieben.

Beim Aufsetzen kann nun das Fahrwerk nicht einfedern und damit ausweichen, sondern das Flugzeug stützt sich auf das leeseitige Rad, die windseitige Tragfläche wird angehoben und bietet dem Wind eine noch größere Angriffsfläche.

Das Flugzeug rattert nun schräg über die Bahn. Die dabei auftretenden Kräfte können mitunter das Fahrwerk empfindlich beschädigen.

Auch das Slippen hat zugegebenermaßen Nachteile: Man muss während des Slippens die Ruder kreuzen und Seiten- und Querruderkräfte halten. Die nicht lotrechte Lage wird von Passagieren als unangenehm empfunden. Doch die Vorteile überwiegen:

- Wenn Sie die Mittellinie während des Endanfluges im Slip (= Low Wing Methode) halten können, können Sie bei der Landung erst recht auf der Mittellinie bleiben, da der Wind bekanntlich in Bodennähe deutlich abnimmt, siehe auch Kapitel „Starten mit Rückenwind".
- Sie brauchen die Seitenwindkomponente nicht mit den bekannten Seiten/Gegenwinddiagramm zu berechnen. (Außerdem: Wer zieht im Endanflug schon Diagramme heraus, um eine Seitenwindkomponente zu berechnen, die auf einer fragwürdigen Windangabe basiert? Erfahrungsgemäß ändert sich der Wind im entscheidenden Moment sowieso.)

Ist die Schräglage beim Aufsetzen nicht ausreichend, so kann die seitlich angreifende Windkraft zwar das Flugzeug nach Lee versetzen. Dabei werden aber keine großen Seitenkräfte auf das Fahrwerk aufgebracht, da dieses nachgeben kann.

Das Flugzeug berührt also den Boden zuerst mit dem luvseitigen Hauptrad. Mit dem Querruder versuchen Sie nun, die Schräglage so lange wie möglich beizubehalten.

Die Schräglage bewirkt, dass der Auftrieb nicht nur nach oben wirkt, sondern die horizontale Komponente des Auftriebes kann die seitlich angreifende Windkraft kompensieren.

Je langsamer das Flugzeug wird, umso größer müsste die Schräglage werden, um die gleiche Seitenkraft zu erzeugen. Da aber der Auftrieb mit abnehmender Geschwindigkeit sinkt, können Sie die leeseitige Tragfläche irgendwann trotz vollem Querruderausschlag nicht mehr oben halten, und das Flugzeug rollt letztendlich auf den beiden Haupträdern weiter.

Aber auch in diesem Moment sollten Sie den vollen Querruderausschlag beibehalten, da er dem Wetterfahneneffekt entgegenwirkt. (Siehe Kapitel „Seitenwindstart".)

Reicht nun die Wirkung der Steuerflächen und des Bugrades nicht aus, die Richtung des Flugzeuges beizubehalten, hilft einseitiges Bremsen des leeseitigen Rades. Dieser Griff in die Trickkiste ist allerdings nur bei Seitenwindkomponenten notwendig, die die im Flughandbuch veröffentliche „demonstrierte Seitenwindkomponente" deutlich übersteigen.

Bei hohen Windgeschwindigkeiten ist der gefährlichste Moment, wenn der Wind beim Verlassen der Bahn von schräg hinten angreift. Stellen Sie die Steuerflächen stets so, dass der Wind die luvseitige Tragfläche herunterdrückt (siehe nächstes Kapitel „Rollen am Boden".)

Noch eine Bemerkung zu der in den Handbüchern aufgeführten maximalen Seitenwindkomponente:

Eine normale Landung bei Seitenwind setzt eine normale Geschwindigkeit beim Aufsetzen des Flugzeuges voraus, die in der Regel nur wenig über der Überziehgeschwindigkeit liegen sollte. Bei dieser relativ niedrigen Geschwindigkeit ist die Wirkung des Seitenruders naturgemäß klein. Daraus folgt auch eine Begrenzung des Slippens gegen den Wind.

Weiterhin wird auch gerade bei Tiefdeckern die mögliche Schräglage beim Aufsetzen dadurch eingeschränkt, dass die Tragflächenspitze dem Boden gefährlich nahekommt. Hohe Seitenwindkomponenten und eine im normalen Bereich liegende Landegeschwindigkeit schließen sich daher aus.

Doch eröffnet sich für den geübten Piloten noch eine Möglichkeit, höhere Seitenwindkomponenten, speziell mit Hochdeckern, sicher zu beherrschen:

Fliegen Sie ohne Landeklappen. Das Flugzeug ist damit schneller und kann mit höherer Geschwindigkeit aufsetzen. Als Nebenwirkung ist das Seitenruder deutlich effizienter, der Windeinfallswinkel und die erforderliche Schräglage sind kleiner. Nachweislich kann man eine Cessna 152 auch bei über 40 Knoten Seitenwindkomponente sicher landen. Allerdings ist dafür beim Aufsetzen eine Geschwindigkeit um die 80 Knoten (!) erforderlich.

Bei dieser Geschwindigkeit ist eine Cessna normalerweise nicht auf den Boden zu bringen, denn das Bugrad liegt bei diesem, der Geschwindigkeit entsprechend kleinen Anstellwinkel tiefer als das Hauptfahrwerk.

Ohne Schräglage hätte das Bugrad früher Bodenkontakt als die Haupträder, und das Flugzeug würde sich damit wie eine Schubkarre um das Bugrad drehen, bis die Haupträder aufsetzen. Der Anstellwinkel würde damit größer und das Flugzeug wieder abheben.

Infolge der Schräglage befindet sich jedoch das Bugrad höher als das windseitige Hauptrad, und man kann das Flugzeug auf diesem einen Hauptrad am Boden rollen. Aber wie gesagt: Nur so lange die Schräglage beibehalten wird. Anderenfalls berührt das Bugrad den Boden, und das Flugzeug hebt sofort wieder ab.

Also halten Sie beim Ausrollen die leeseitige Tragfläche hoch, bis die Querruder am Anschlag sind und warten dann, bis sich die leeseitige Tragfläche von selber senkt. In diesem Falle ist auch die Geschwindigkeit gering genug, um nicht wieder abzuheben.

Diese Methode erscheint im ersten Moment spektakulär. Gefährlich ist sie aber nicht. Erfahrungsgemäß ist es ja immer nur der Boden, der weh tut. Wird die Situation beim Aufsetzen unbeherrschbar, genügt Vollgas und ein kleiner Zug am Höhensteuer, und Sie sind aufgrund der hohen Geschwindigkeit wieder in der Luft.

Sie benötigen selbstredend eine längere Bahn. Ist die verfügbare Bahn kurz, gibt es nur eine Entscheidung: Landen Sie anderswo.

Bei solch extrem hohen Windgeschwindigkeiten verlassen Sie die Bahn am besten auf einem Rollweg in die Richtung, aus der der Wind kommt und warten auf Helfer, die sich an die luvseitige Tragfläche hängen. Bleiben Sie, wenn es nicht anders geht, ruhig auf der Bahn stehen, bis die Helfer da sind. Bei solchen Bedingungen fliegt außer Ihnen sowieso kaum jemand.

Kommerzielle Flugzeuge werden nicht bei höheren als der demonstrierten Seitenwindkomponente gelandet. Eine Citation zum Beispiel ist auf 25 Knoten Seitenwindkomponente limitiert, und selbst ein Airbus wird bei einer Seitenwindkomponente von mehr als 35 Knoten auf eine andere Landebahn umgeleitet.

2.15 Landung mit Rückenwind

Genau wie beim Start erfolgt die Landung allgemein gegen den Wind. Schließlich verringert der Gegenwind die Geschwindigkeit des Flugzeuges über Grund bisweilen erheblich.

Doch gibt es Flugplätze, die aufgrund der Geländestruktur nur von einer Seite angeflogen werden können. Hier müssen Sie bisweilen mit Rückenwind landen. Dabei addiert sich die Windgeschwindigkeit zu Ihrer angezeigten Geschwindigkeit und das Flugzeug bewegt sich um diesen Betrag schneller gegenüber dem Boden.

Im Grunde ist das nicht gefährlich, so lange die Landstrecke kürzer ist als die verfügbare Bahnlänge.

Viel unangenehmer ist aber die bodennahe Windscherung, siehe Kapitel „2.6 Start mit Rückenwind": Mit abnehmender Höhe nimmt auch der Rückenwind ab. Dadurch nimmt die Geschwindigkeit gegenüber der Luft zu je näher Sie dem Boden kommen.

Nehmen wir also einmal einen in 10 Metern Höhe gemessenen Wind von 10 Knoten an, Ihre Geschwindigkeit im Endanflug beträgt 65 Knoten.

In 30 Metern (100 Fuß) Höhe beträgt dann Ihre Geschwindigkeit gegenüber dem Boden 80 Knoten.

Bei einer normalen Sinkrate von 500 Fuß pro Minute sind Sie innerhalb von 20 Sekunden am Boden. Dort beträgt der Rückenwind aber nur noch 3 Knoten.

Da aber das Flugzeug aufgrund seiner Masse seine Geschwindigkeit von 80 Knoten beibehält zeigt Ihr Fahrtmesser jetzt 77 Knoten an! Die Geschwindigkeit beim Aufsetzen sollte aber bei nur etwa 50 Knoten liegen. Sie können sich ausmalen, dass Ihr Flugzeug eine sehr lange Strecke über der Bahn schweben wird, bevor Sie es landen können.

Wenn Sie also mit Rückenwind landen müssen, sollten Sie im kurzen Endanflug so langsam und niedrig wie eben vertretbar anfliegen, damit Sie nicht die halbe Bahn verschenken.

Natürlich sind solche Rückenwindlandungen selten notwendig. Es schadet jedoch nicht, wenn man sie bei moderaten Bedingungen einmal übt.

Ich habe solche Landungen schon mehrfach bei Anflügen unter Instrumentenflugbedingungen ausgeführt, wenn ich beim Erreichen der Minimumhöhe für „Circling" keine Bodensicht hatte. Ein „Request straight in" mit Rückenwind hat oft den Anflug gerettet.

2.16 Rollen am Boden bei starkem Wind

Flugzeuge sind naturgemäß windempfindlich, da sie große Angriffsflächen bieten.

Beim Rollen bei starkem Wind kann man die Gefahr des Umkippens zumindest deutlich verringern, indem man die Steuerflächen so hält, dass der angreifende Wind die windseitige Fläche nach unten drückt. Beispiel: Sie landen mit Seitenwind von vorne links und müssen die Bahn nach rechts verlassen.

Während des Ausrollens halten Sie das Steuerhorn voll nach links. Also ist das linke Querruder nach oben ausgeschlagen. Solange der Wind von vorne kommt, wird dadurch die windseitige (in diesem Fall linke) Tragfläche heruntergedrückt.

Sobald Sie die Bahn verlassen und der Wind von querab hinten kommt, könnte dieser nun leicht unter das Querruder blasen und die Tragfläche anheben. Damit erhielte der Wind eine noch größere Angriffsfläche, die zum weiteren Anheben der Tragfläche führen könnte. Dann wäre es bereits zu spät. Das Flugzeug würde über das rechte Hauptrad und das Bugrad nach vorne rechts kippen.

Also drehen Sie, sobald der Wind von querab kommt, das Steuerhorn voll nach rechts und drücken das Höhensteuer. Auf diese Weise wird wieder die windseitige (also wieder die linke) Tragfläche vom Wind nach unten gedrückt und zusätzlich das Heck des Flugzeuges belastet. Der Wind drückt dann von oben auf Höhenruder und Tragflächen, und die Gefahr des Vornüberkippens ist vermindert.

Das Rolldiagramm in den Handbüchern ist zwar richtig und sicher auch nett gemeint, nur kann ich mir nicht vorstellen, dass das jemand auswendig lernt. Einfacher zu merken sind die folgenden Regeln:

- Wind von schräg vorn: Steuerhorn in den Wind, Höhensteuer neutral (Wind von vorne links – Steuerhorn nach links)
- Wind von schräg hinten: Steuerhorn mit dem Wind (Wind von hinten links – Steuerhorn nach vorn rechts)
- Analog dazu Flugzeuge mit Steuerknüppel: Wind von vorn: Knüppel in den Wind halten
- Wind von hinten: Knüppel mit dem Wind halten

Wenn Sie sich nicht darüber im Klaren sind, welche Steuerflächen nach oben oder unten zeigen, strecken Sie den Daumen Ihrer Hand an Steuerhorn oder Knüppel aus. Der Daumen zeigt immer auf die nach oben gerichtete Steuerfläche.

Spornradflugzeuge sind deutlich windempfindlicher als Flugzeuge mit Dreibeinfahrwerk, weil ihre Tragflächen beim Rollen am Boden einen größeren Anstellwinkel haben.

Generell werden sie mit voll gezogenem Knüppel gerollt, um das Spornrad am Boden zu halten. Dieses kann nur relativ kleine Seitenkräfte aufnehmen und wird bei größeren Seitenkräften entriegelt, was eine Steuerung des Spornrades durch die Pedale unmöglich macht.

Bei starkem Rückenwind ist der gezogene Steuerknüppel problematisch. Der Wind kann unter die nach oben weisende Steuerfläche des Höhenruders „greifen". Ist der Wind stark genug, kann er das Flugzeug auf den Kopf werfen.

Für diesen Fall ist es besser, den Knüppel gedrückt zu halten. Aus diesen Gründen ist es für Spornradflugzeuge nicht sehr ratsam, die im Handbuch erwähnten maximal zulässigen Windgeschwindigkeiten zu überschreiten.

2.17 Zu hoher Endanflug

Kommt man im Endanflug, aus welchen Gründen auch immer, mit deutlich zu großer Höhe an, verleitet einen der Instinkt dazu zu drücken, um das Flugzeug auf den Bahnanfang zu zwingen.

Anfänglich sieht das auch sehr gut aus: Das Flugzeug nimmt eine geringere Pitch Attitude ein und zielt mit der Nase auf den Bahnanfang. Aber denken Sie an die Achterbahn! Das Flugzeug wird schneller.

Mit der höheren Geschwindigkeit wird aber der Anstellwinkel geringer. Was also anfänglich wie ein steiler Anflug aussieht, erscheint nur so lange steiler, so lange das Flugzeug beschleunigt. Sobald das Flugzeug entsprechend der neuen Pitch Attitude eine höhere Geschwindigkeit erreicht hat, ist Ihre Sinkrate zwar größer, diese aber um etwa den gleichen Prozentsatz, mit der sich die Geschwindigkeit geändert hat.

Damit haben Sie wieder den gleichen zu hohen Anflugwinkel. Der Unterschied besteht jetzt nur darin, dass Sie viel schneller fliegen und viel weniger Zeit haben, den vermurksten Anflug zu retten.

Der Instinkt rät, jetzt noch mehr zu drücken. Doch das verschärft die Situation nur noch. Wenn Sie nicht spätestens zu diesem Zeitpunkt den ganzen Anflug abbrechen und alles von vorne anfangen, kommen Sie in einer Art Sturzflug mit überhöhter Geschwindigkeit an die Bahn. Eine Landung aus solch einer Situation endet im besten Fall mit durchgebremsten Reifen.

Es ist allerdings interessant zu wissen, wie sich der Gleitwinkel mit der Geschwindigkeit ändert. Die beste Beurteilung bieten dafür objektive Berechnungen.

Leider werden in den Handbüchern selten brauchbare Messwerte genannt, sondern im Allgemeinen nur ein Wert für bestes Gleiten, seltener der für geringstes Sinken, während alle anderen Werte bezüglich Geschwindigkeit und Sinkrate fehlen. Daher habe ich einmal die Werte für Geschwindigkeit und Sinkrate mit meiner AA-1 gemessen.

Die Werte für die zurückgelegte Strecke aus einer Höhe von 4000 auf 2000 Fuß wurden über die Zeit und Geschwindigkeit errechnet.

Die Geschwindigkeit besten Gleitens hat dieses Flugzeug bei 72 Knoten. Jede andere Geschwindigkeit verschlechtert den Gleitwinkel. Das Diagramm veranschaulicht die Messwerte.

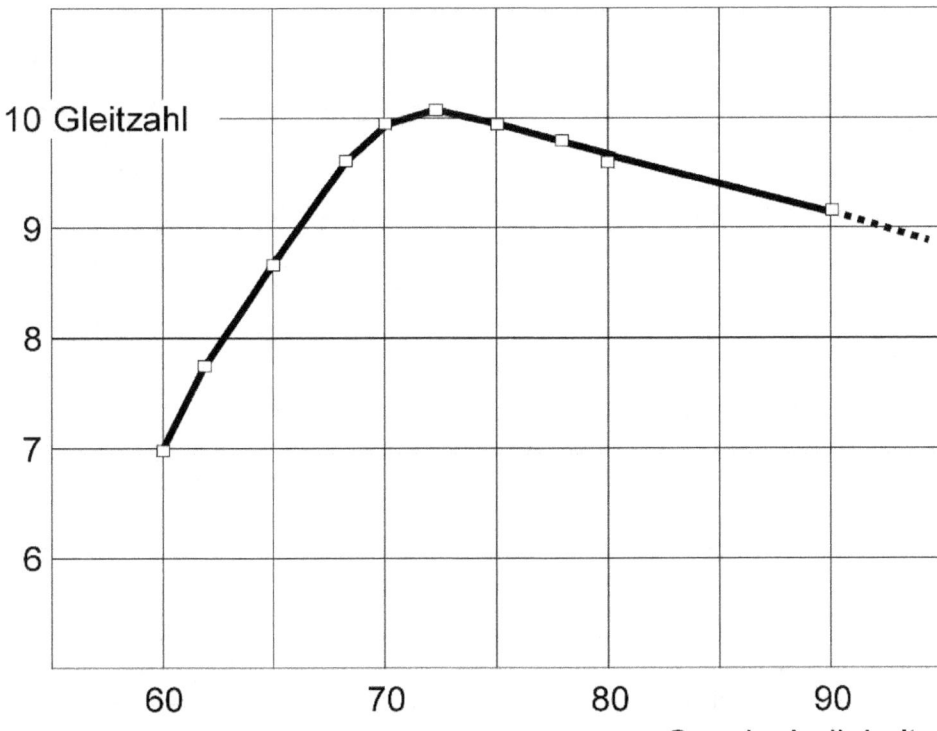

Man sieht deutlich, dass sich die Gleitzahl bei Geschwindigkeiten oberhalb von 72 Knoten nur relativ wenig verschlechtert, während sie bei niedrigerer Geschwindigkeit, insbesondere nahe der Überziehgeschwindigkeit, deutlich abnimmt.

Normalerweise wird dieses Flugzeug mit einer Geschwindigkeit von 72 Knoten angeflogen (20% über V_{S0}). Ist man nun zu hoch und versucht, die zurückgelegte Strecke durch Andrücken von 72 auf 90 Knoten zu verringern, bringt das gerade einen um 8% steileren Anflug.

Natürlich nimmt die Höhe in kürzester Zeit durch das Beschleunigen um eindrucksvolle 131 Fuß ab. Der Trugschluss ist aber dann augenfällig, wenn man mit den 90 Knoten in Bodennähe ankommt und die Fahrt wieder in Höhe umsetzt. Dann gewinnt man nämlich die 131 Fuß wieder (siehe Achterbahn, Kapitel „Anstellwinkel und Auftrieb").

Noch schlechter ist es, die Fahrt erst in Bodennähe abzubauen. Im Bodeneffekt ist der Luftwiderstand deutlich kleiner als in der Höhe, und mit der überhöhten Geschwindigkeit schwebt das Flugzeug unglaublich lange.

Auch ohne Berücksichtigung des langen Schwebens im Bodeneffekt zeigen sowohl Theorie als auch Praxis, dass ein zu hoher Anflug nicht durch Drücken bewältigt werden kann, da die maximal zulässige Geschwindigkeit mit Klappen begrenzt ist.

Wie die Messwerte zeigen, wird dadurch der Anflug nur wenig steiler. Die Landung wird allerdings schwieriger, weil der gesamte Vorgang nicht der üblichen Routine entspricht. Dazu kommt man mit überhöhter Fahrt an der Bahn an und das hebt den Vorteil des schnelleren Sinkens wieder auf.

Manche Piloten sind der irrigen Annahme, man könnte die Geschwindigkeit wegbremsen und zwingen das Flugzeug auf den Boden.

Durch die hohe Geschwindigkeit ist jedoch der Anstellwinkel sehr klein, und das Flugzeug berührt den Boden mit dem Bugrad zuerst. Infolge dessen steigt das Flugzeug steil auf und befindet sich wieder hoch über der Bahn („Balloning"), diesmal aber mit viel geringer Geschwindigkeit, meist sogar in überzogenem Flugzustand. Aus dieser Situation heraus ist eine Landung sehr viel schwieriger und ein verbogenes Flugzeug wahrscheinlicher.

Hat man auch noch Gegenwind, bedeutet ein schnellerer Anflug eine Verbesserung des Gleitwinkels, weil der bremsende Wind nur für kürzere Zeit einwirkt. Man erzielt also genau das Gegenteil dessen, was man erreichen wollte.

Entgegen dem Instinkt muss man also ziehen. Das erscheint falsch, denn im ersten Moment steigt das Flugzeug, weil die Fahrt in Höhe umgewandelt wird.

Wenn man aber in Bodennähe wieder auf die ursprüngliche Geschwindigkeit beschleunigt, tritt der gleiche Effekt mit umgekehrten Vorzeichen wieder auf. Damit wird klar, dass dieser Höhengewinn die Situation nur scheinbar verschlechtert.

Die Auswertung der Messergebnisse zeigt, dass ein Anflug mit 65 anstelle von 72 Knoten um 13% steiler ist. Bei um weitere 5 Knoten geringerer Geschwindigkeit, also mit 60 Knoten, ist man sogar in einer um 30% kürzerer Entfernung am Boden. Oder anders herum ausgedrückt:

Fliegt man 5 Knoten langsamer, erzielt man einen steileren Anflug, als wenn man 20 Knoten schneller anfliegt. Und in Bodennähe muss nicht noch erst die überhöhte Geschwindigkeit abgebaut werden.

So paradox es klingt: Nimmt man die Nase höher, kommt man steiler runter! Der Höhenverlust durch langsames Fliegen ist meist so ungewohnt groß, dass man bereits nach dem halben Endanflug wieder auf die gewohnte Geschwindigkeit beschleunigen muss, um die Bahn überhaupt noch zu erreichen.

Generell ist allerdings ratsam, spätestens etwa 100 bis 200 Fuß Höhe über dem Boden das Flugzeug wieder anzudrücken und damit die Fahrt auf den gewohnten Wert zu bringen. Abfangen und Ausschweben sind dann wieder normale Routine.

2.18 Tipps und Tricks für Start und Landung

In den vorigen Kapiteln ist beschrieben, wie die einzelnen Phasen vom Start bis zur Landung erfolgen. Im folgenden Kapitel möchte ich Ihnen noch ein paar Tricks verraten, mit denen Sie sich die Arbeit erleichtern können.

Nach dem Start so steil wie möglich zu steigen ist nur dann sinnvoll, wenn Hindernisse oder Lärmschutzmaßnahmen dies erfordern. In allen anderen Fällen bietet sich bis zu einer Sicherheitshöhe von 500 Fuß die Geschwindigkeit besten Steigens an.

Wollen Sie in der Platzrunde bleiben oder führt Sie Ihr geplanter Flug über die Mitte des Flugplatzes, behalten Sie diese Geschwindigkeit bei, um bei erreichter Sicherheitshöhe auf Reisesteigflug gehen zu können.

Reisesteigflug ist die Geschwindigkeit, die eine ausreichende Steigrate bei größtmöglicher Geschwindigkeit zulässt. Welcher der beiden Größen Sie den Vorzug geben, ist von den jeweiligen Umständen abhängig.

Wichtig ist es, den Luftraum zu beobachten, besonders in Platznähe. Im Steigflug ist die Sicht nach vorne stets stärker eingeschränkt als im Reiseflug. Gerade die Piper Cherokee bietet im Steigflug so gut wie keinerlei Sicht nach vorne. Darum ist es sinnvoll, in kürzeren Zeitabständen die Flugzeugnase abzusenken und den Luftraum vor sowie schräg unter einem nach anderen Flugzeugen abzusuchen. In dieser Zeit nimmt das Flugzeug Fahrt auf, die man anschließend wieder in Höhe umsetzen kann. Man verliert also keinerlei Steigrate.

Eine andere Möglichkeit bieten flache Kurven um wenige Grad nach rechts und links. Auch auf diese Art können Sie vermeiden, blind in den vorausliegenden Luftraum zu fliegen.

Doch nicht nur der Abflug aus dem Platzbereich, auch die Ankunft am Zielflugplatz erfordert gerade bei schnellen Flugzeugen einige Vorplanung, speziell bei denen mit Einziehfahrwerk.

Das größte Problem besteht darin, Höhe und Geschwindigkeit rechtzeitig vor Einflug in die Platzrunde zu verringern. 1 bis 2 Minuten vor Erreichen des Gegenanfluges sollten Sie bereits auf die Platzrundenhöhe abgesunken sein.

Um den Motor nicht zu lange Zeit im Leerlauf zu betreiben, ist eine Sinkrate von 500 Fuß pro Minute ein guter Anhaltswert. Dieser Wert lässt genügend Motorleistung zu und der Anstieg des Luftdruckes wird von den Passagieren nicht als unangenehm empfunden.

Liegt zum Beispiel die Platzrundenhöhe auf 2000 Fuß, Ihre Reiseflughöhe beträgt aber 8000 Fuß, so ist es sinnvoll, etwa 15 Minuten vor Erreichen der Platzrunde mit dem Sinkflug zu beginnen. Dann bleibt Ihnen genügend Zeit, die Geschwindigkeit zu reduzieren und sich in den Platzrundenverkehr einzuordnen.

Wann Sie welchen Handgriff machen ist eigentlich Nebensache. Wichtig ist, dass Sie Ihre Landeanflüge immer in der gleichen Art und Weise ausführen, damit Sie nicht jedes Mal neue Randbedingungen haben.

Für eine Cessna 172 (oder ein ähnliches Flugzeug) hat sich das im Folgenden beschriebene Verfahren bewährt:

1. Sie reduzieren die Geschwindigkeit vor dem Einflug in den Gegenanflug auf 90 Knoten und trimmen sauber.
2. Etwa querab der Bahn reduzieren Sie die Motorleistung auf etwa 2000 RPM (Vergaservorwärmung?) und halten die Höhe, indem Sie den Smiley eine Handbreit anheben.
3. Sobald die Geschwindigkeit im weißen Bereich des Fahrtmessers liegt, setzen Sie 10° Klappen und bringen den Smiley in die gleiche Position wie bei 90 Knoten ohne Klappen. Sie werden feststellen: Ihre Cessna fliegt jetzt etwa 80 Knoten. Dabei müssen Sie leicht drücken. Aber lassen Sie die Trimmung stehen! Ersparen Sie sich diesen Handgriff, Sie werden gleich erfahren, warum.
4. Falls das Flugzeug zu steigen oder zu sinken beginnt, regulieren Sie die Höhe mit Motorleistung nach.
5. Querab vom Aufsetzpunkt beginnen Sie den Sinkflug, indem Sie die Motorleistung um weitere 200 bis 300 RPM verringern und die Flugzeugnase um etwa 5 cm senken. Es stellt sich eine Sinkrate von etwa 300 Fuß pro Minute ein; die Geschwindigkeit wird etwa bei 80 Knoten liegen. Durch die Verringerung des Propellerstrahles auf das Höhenleitwerk entfällt nun die erforderliche Kraft auf das Höhensteuer, die (vorher nicht veränderte) Trimmung stimmt wieder. Damit können Sie sich zweimal Nachtrimmen sparen.
6. Nach etwa einer Minute sind Sie rund 700 Fuß über Grund am Queranflug und drehen ein. Bringen Sie dazu das Flugzeug in die gewünschte Schräglage und stellen gleichzeitig den Klappenschalter auf 20°. Beim Kurvenflug verringert sich der vertikale Anteil des Auftriebes und das Flugzeug würde die Nase herunterfallen lassen, und Sie müssten ziehen. Wenn Sie Klappen fahren, will das Flugzeug die Nase nach oben nehmen, und Sie müssten drücken. Machen Sie aber beides gleichzeitig,

kompensiert die Aufbäumtendenz beim Klappenfahren das Absinken der Flugzeugnase im Kurvenflug. Dadurch wirken am Höhensteuer keinerlei Kräfte mehr, und die Pitch Attitude bleibt ohne weiteres Dazutun konstant. Sie könnten sogar während des Kurvenfluges die Hände vom Steuerhorn nehmen; das Flugzeug wird eine perfekte Kurve fliegen. Wiederum sparen Sie sich einige Arbeit.

7. Mit dem Ausleiten aus der Kurve wird sich bei gleicher Pitch Attitude eine Geschwindigkeit von etwa 70 Knoten einstellen - abermals ohne nachzutrimmen. Das liegt daran, dass sich bei einer Stellung der Landeklappen von 20° die Profilsehne der Tragfläche und damit der Einstellwinkel ändert und gleichzeitig der Luftwiderstand steigt (siehe Kapitel „Durchstarten"). Sie haben also, abgesehen von der leichten Lageänderung durch den Sinkflug, in der neuen Konfiguration (20° Klappen, 70 Knoten) die gleiche Pitch Attitude wie bei 10° Klappen und 80 Knoten oder bei 0° Klappen und 90 Knoten. Die Trimmung haben Sie bisher nicht ein einziges Mal verstellen müssen. Sie brauchen also fast nichts anderes tun als das Flugzeug fliegen zu lassen. Eventuell müssen Sie ganz leicht korrigieren, um Ihren Smiley in der gewünschten Position zum Horizont zu halten. Abweichungen von der gewünschten Höhe oder Sinkrate korrigieren Sie in erster Linie mit der Motorleistung, die Geschwindigkeit mit dem Höhensteuer.

8. Bei einer Höhe von etwa 600 Fuß über Grund leiten Sie die Kurve in den Endanflug ein. Bringen Sie nun die Geschwindigkeit auf 60 (bei voller Beladung auf höchstens 65) Knoten, und trimmen Sie die Kraft vom Höhensteuer weg. Die Geschwindigkeit sauber zu trimmen und einzuhalten ist eine Vorbedingung für eine gelungene Landung! Stimmt die Geschwindigkeit nicht, gelingt die Landung höchstwahrscheinlich auch nicht.

9. Vorausgesetzt der Wind ist nicht zu stark und das Anfluggelände ist hindernisfrei, visieren Sie im Endanflug einen Punkt deutlich (mindestens 50 Meter) vor der Bahn an. Hier fangen Sie Ihr Flugzeug ab, indem Sie in Bodennähe in den Horizontalflug übergehen. Lassen Sie aber dabei die Motorleistung stehen. Das Flugzeug verringert dabei seine Fahrt viel langsamer, als wenn Sie Leerlauf einstellen.

10. Fliegen Sie nun in geringer Höhe über den Boden und stimmen Sie die Motorleistung je nach Entfernung zur Bahn so ab, dass Ihre Geschwindigkeit am Bahnanfang nur noch wenig oberhalb der Überziehgeschwindigkeit liegt.

11. Sobald die Räder den Boden berühren, reduzieren Sie die Motorleistung auf Leerlauf. Damit bremst sich das Flugzeug in kurzer Zeit ab.

Liegt die Windgeschwindigkeit deutlich höher, können Sie den Punkt, an dem Sie Ihr Flugzeug abfangen, näher an die Bahn legen oder den Bahnanfang anvisieren. Ein paar Meter verschenkte Bahn wird durch die geringere Geschwindigkeit über Grund und den bremsenden Wind mehr als ausgeglichen.

Sie sollten bei höheren Windgeschwindigkeiten auch weniger Klappen setzen. Als brauchbare Faustregel hat sich erwiesen, bei Wind von

- 0 bis 10 Knoten: 20° Klappen,
- 10 bis 20 Knoten: 10° Klappen,
- über 20 Knoten: keine Klappen zu setzen.

Volle Klappen sollten Kurzlandungen, Landungen auf weichem Untergrund und Landungen bei Rückenwind vorbehalten bleiben.

Bei anderen Flugzeugen speziell Tiefdeckern, ist das hier beschriebene Verfahren natürlich dem Flugzeug angemessen zu modifizieren. Bei letzteren werden Sie ohne Änderung der Trimmung kaum auskommen.

Die Besonderheit beim Landen von Tiefdeckern besteht in dem deutlich stärker ausgeprägten Bodeneffekt. Weiterhin überstreicht der Propellerstrahl einen großen Teil der Tragfläche und induziert dadurch Auftrieb, besonders bei zweimotorigen Flugzeugen. So können Sie mit Motorleistung deutlich langsamer fliegen als ohne. Reduzieren Sie dann beim Überfliegen des Bahnanfangs die Motorleistung auf Leerlauf, sinkt dieser induzierte Auftrieb deutlich, und das Flugzeug fällt förmlich aus der Luft. Dieses Verfahren können Sie speziell dann anwenden, wenn die Bahn sehr kurz ist.

Selbst wenn Sie dabei einmal geringfügig zu langsam werden sollten, und die Räder vor der Bahn den Boden berühren, ist eine Beschädigung des Flugzeuges kaum zu befürchten:

Das Bugrad schwebt weit über dem Boden, und die Tragflächen tragen einen Großteil des Gewichtes, sodass das Hauptfahrwerk kaum belastet wird. Außerdem reicht bereits eine geringe zusätzliche Motorleistung, um sowohl den Auftrieb als auch die Geschwindigkeit so weit zu erhöhen, dass Sie sich bis zum Aufsetzpunkt schleppen können. Diese Methode, die naturgemäß einiger Übung bedarf, bietet die kürzest mögliche Rollstrecke beim Landen.

Schwerere Flugzeuge, die große Kräfte am Höhensteuer erfordern, sind beim Aufsetzen schwieriger zu kontrollieren, besonders, weil man Sie mit „nur" einer Hand steuert, während man mit der anderen den oder die Gashebel bedienen muss. (Versuchen Sie mal, den Tonarm an Ihrem Plattenspieler aufzusetzen, wenn Sie in der gleichen Hand ein schweres Gewicht halten.) In einem solchen Falle trimmen Sie im Endanflug so schwanzlastig, sodass Sie leicht drücken müssen, um die Fahrt zu halten.

Was Sie im Endanflug drücken, brauchen Sie beim Abfangen und Ausschweben nicht ziehen. Sie müssen beim Landen nur den bisher aufgewendeten Druck nachlassen.

Ein Nachteil besteht jedoch, auf den hier deutlich hingewiesen werden muss: Sollten Sie durchstarten müssen, können die erforderlichen Ruderkräfte recht groß werden. Das hängt aber vom jeweiligen Flugzeugtyp ab. Sie müssen sich also bei anderen Flugzeugen als einer kleinen Cessna Ihre Vorgehensweise selber erfliegen.

2.19 Abstellen

Wenn Sie sicher gelandet und zur Abstellfläche gerollt sind, greifen Sie am besten zur Checkliste und führen anhand dieser alle aufgelisteten Handgriffe aus. Empfehlenswert zum Abstellen des Motors ist es, den Motor auf etwas höhere Drehzahl zu bringen, bevor Sie den Gemischhebel ziehen. Damit stellen Sie sicher, dass sich keinerlei zündfähiges Kraftstoff-Luftgemisch mehr im Verbrennungsraum befindet.

Abzuraten ist von der Benutzung der Parkbremse: Im Gegensatz zu den mechanischen Parkbremsen der meisten Autos wirkt die Parkbremse beim Flugzeug hydraulisch, das heißt, die Bremse wirkt nur, solange die Bremsleitungen unter Druck stehen.

Wird das Flugzeug beim Landen stark abgebremst, so erhitzen sich die Bremsen. Während des Rollens verteilt sich die Wärme auch auf die Hydraulikflüssigkeit, die beim Schließen des Parkventils unter Druck steht.

Nach einiger Zeit kühlt sich die gesamte Bremsanlage ab, die Hydraulikflüssigkeit zieht sich zusammen, der Druck verringert sich und damit ist die Bremse nahezu wirkungslos.

Noch deutlich schlechter ist die Situation, wenn die Dichtungen der Bremszylinder bereits ein wenig verschlissen sind. In solchen Fällen sind die Räder nach kurzer Zeit völlig ungebremst.

Daher sollte man die Handbremse nur zum kurzzeitigen Halten benutzen, zum Beispiel, wenn das Flugzeug wegzurollen droht, bevor es angebunden ist oder Klötze vor die Räder gelegt sind. Sind keine Klötze zur Hand, können Sie sich mit der Schleppstange helfen.

Übrigens: Beim Auftanken besteht immer die Gefahr, dass ein Funke ein Feuer auslöst. Sollte das einmal passieren, ist ein brennendes Flugzeug mit angezogener Handbremse nicht besonders leicht von der Tankstelle wegzuschieben. Daher ist das Betätigen der Handbremse beim Tanken nicht ratsam und in manchen Ländern strikt verboten.

Lassen Sie den Kraftstoffhahn nach Möglichkeit nicht auf der Stellung „Both" stehen: Meist ist die Abstellfläche nicht ganz eben und das Benzin fließt aus dem höher gelegenen Tank in den tieferen und eine beträchtliche Menge der teuren Flüssigkeit kann über die Tankentlüftung ausfließen. Abgesehen von diesem unnötigen Verlust hängt die durch eine ungleiche Tankfüllung schwerere Tragfläche im Flug, und Sie müssten sie stets mit dem Querruder stützen.

Wenn sie nun Ihr Flugzeug verlassen, denken Sie bitte daran, dass der Zustand, in dem Sie es zurücklassen, Ihre Visitenkarte ist. Herumliegende Papiere, Getränkedosen, Aschenbecher voller Bonbonpapier und ein Knäuel von Gurten, speziell auf der hinteren Sitzbank, sind nicht gerade einladend für den nächsten Passagier oder Charterkunden.

Schließen Sie die Gurte und spannen sie diagonal über eine Ecke des Sitzes. Das sieht nicht nur besser aus, sondern Sie brauchen die Enden des Gurtes nicht zu suchen und können das Gurtschloss auch noch bequem finden und die Gurte anlegen, wenn Sie sich bereits hingesetzt haben.

Sollte Ihr Headset im Flugzeug verbleiben, so hängen Sie es bitte nicht ans Steuerhorn, sondern zum Beispiel wie hier an den Gemischregler.

Bei der Vorflugkontrolle kann es dann nicht wild herumgeschleudert werden, wenn Sie die Beweglichkeit der Querruder prüfen.

Wird das Flugzeug im Freien abgestellt, so müssen Sie die Steuerruder arretieren.

Hat Ihr Flugzeug keine Ruderfeststellvorrichtung (Control Lock), können Sie das Steuerhorn mit dem Sitzgurt festbinden. Das ist immerhin besser als gar nichts. Nachteilig ist, dass dann immer das Höhen- und das eine Querruder nach oben ausgeschlagen sind und dadurch dem Wind die Möglichkeit bieten, von unten anzugreifen.

Ein Expanderband am Pedal und am Steuerhorn eingehakt, ist da um vieles

besser.

Sind Verankerungen am Boden vorhanden, so bieten sie sich zum Festbinden des Flugzeuges an. Es ist dabei nicht notwendig, komplizierte Knoten zu erfinden, die den nächsten Piloten zu unangenehm langen Knüpfübungen in hockender Stellung veranlasen (insbesondere wenn es regnet).

Ziehen Sie die Seile stramm an, damit das Flugzeug bei Sturm nicht anfängt zu schaukeln und sich die Verankerungen lockern können. 2004 hat ein Sturm im Voralpenland die stählernen Bodenanker abgerissen und die Cessna 172 mehr als 500 Meter weit vor sich hergetrieben. Ursache für den Totalschaden waren höchstwahrscheinlich die zu lockeren Seile.

Aber denken Sie nicht nur daran, wie Sie das Seil unter Last fixieren, sondern insbesondere daran, wie Sie es unter Last wieder lösen können! Sehr einfach und wirkungsvoll ist die in den folgenden Bildern gezeigte Befestigungsart.

3 Extremsituationen

3.1 Fliegen bei marginalen Sichtbedingungen

Im unkontrollierten, also bodennahen Luftraum ist es zwar legal, bei einer Sicht bis herunter zu 1,5 Kilometern zu fliegen, wie und ob es ratsam ist, sei einmal dahingestellt.

Doch auch ohne es zu wollen kann man in solche marginalen oder in noch schlechtere Sichtbedingungen geraten, und die folgenden Hinweise sollen eine Hilfestellung geben, aus einer solchen Situation unbeschadet wieder herauszukommen.

Der erste und wichtigste Rat ist: Fliegen Sie langsam!

Beträgt Ihre Geschwindigkeit 100 Knoten, erreichen Sie ein im Dunst auftauchendes Hindernis in rund 54 Sekunden. Bei 65 Knoten haben Sie mit 83 Sekunden um gut die Hälfte mehr Zeit zum Reagieren.

Stellen Sie sich vor, sie fliegen in einer Senke oder in einem Tal und bemerken, dass die Talsohle ansteigt und in den Wolken verschwindet. Wenn Sie sich jetzt entschließen mit einer relativ steilen Kurve von 40° Schräglage umzukehren, um einen Platz für eine Sicherheitslandung zu finden, beträgt Ihr Kurvendurchmesser bei einer Geschwindigkeit von 100 Knoten 530 Meter, also bereits einen großen Teil der Strecke, die Sie übersehen können.

Kurven Sie steiler, zum Beispiel mit 60° Schräglage, vergrößert sich das Lastvielfache bereits auf deutliche und spürbare 2g. Der Kurvendurchmesser liegt aber immer noch bei mehr als 300 Metern. Fliegen Sie dagegen mit 65 Knoten, begnügt sich Ihr Flugzeug bei einer Schräglage von 40° mit 263 Metern! (Eine Tabelle mit weiteren Angaben finden Sie im Kapitel „Fliegen in den Bergen".) Bei dieser geringen Geschwindigkeit sind 20° Klappen von Vorteil:

- Die Sicht nach vorne wird besser, denn der Einstellwinkel verändert sich durch die veränderte Profilsehne.
- Die Überziehgeschwindigkeit sinkt und der Luftwiderstand steigt. Dadurch benötigen Sie eine größere Motorleistung, der auf das Leitwerk blasende Propellerstrahl wird stärker, und das Flugzeug reagiert besser auf Steuerbewegungen.

Nehmen wir an, die Überziehgeschwindigkeit Ihres Flugzeuges (mit der aktuellen Beladung und 20° Klappen) beträgt 40 Knoten, dann steigt die Überziehgeschwindigkeit bei 40° Schräglage auf gerade mal 46 Knoten. Mit

65 Knoten liegen Sie mehr als 40% darüber. Daher: Keine Angst vor Kurven bei dieser recht langsamen Geschwindigkeit.

Ganz nebenbei: Sollten Sie trotz aller Vorsicht mit irgendeinem Hindernis kollidieren, so ist Ihre Überlebenschance bei deutlich reduzierter Geschwindigkeit um ein Vielfaches höher.

Und noch ein wichtiger Punkt: Wo man hinsieht, da fliegt man auch hin. Das gilt nicht nur für die Landung.

Sollten Sie also zum Beispiel bei der Suche nach einem geeigneten Feld für Ihre Sicherheitslandung eine Hochspannungsleitung oder eine Seilbahn in Ihrer Flugbahn sehen, schauen Sie auf keinen Fall auf diese Hindernisse. Orientieren Sie sich lieber an den Büschen oder sonstigen Objekten am Boden, denn nur diese geben Ihnen ein räumliches Bild, mit dem Sie auch Ihren Abstand zu den Drähten und Seilen einschätzen können.

3.2 Rettung aus der Wolke

Als Sichtflieger in eine Wolke zu fliegen ist verboten. Das ist klar. Ebenso klar ist aber jedem Praktiker, dass man auch ohne es zu wollen in eine Wolke geraten kann.

Wie die Statistiken zeigen, ist der Einflug in Wolken für den im Instrumentenflug Ungeübten oftmals mit einer vertikalen Ankunft am Boden verbunden.

Das erste Anzeichen für das bevorstehende Unheil ist meist ein plötzliches Ansteigen der Geschwindigkeit. Die Ursache ist stets, dass das Flugzeug langsam und unbemerkt in eine Steilkurve geraten ist. Ziehen führt in solchen Fällen bestenfalls zum Abbrechen der Tragflächen, und das ist nicht gerade zum Verringern der Geschwindigkeit geeignet.

Das Wichtigste ist also erst einmal, Geschwindigkeit, Höhe und Kurs beizubehalten. Das erscheint schwierig, zumal Sie nicht weniger als 7 Fluglageinstrumente und noch ein paar Motorüberwachungsinstrumente haben.

Aber überlegen Sie einmal nüchtern:

- Das Flugzeug ist für den Reiseflug getrimmt. Es wird also seine Geschwindigkeit beibehalten, wenn Sie das Höhensteuer und die Trimmung nicht berühren, es sei denn, Sie fliegen eine Kurve.
- Die Motorleistung ist für den Reiseflug eingestellt. Wenn Sie also nichts an der Motoreinstellung ändern, wird sich auch die Höhe nicht ändern.
- So lange Sie die Tragflächen waagerecht halten, wird sich auch der Kurs nicht wesentlich ändern.

Die ersten beiden Punkte (Höhe und Geschwindigkeit) können Sie also getrost dem Flugzeug überlassen. Halten Sie hauptsächlich die Tragflächen horizontal. Dazu haben Sie mehrere direkt und indirekt anzeigende Geräte. Empfehlenswert sind hierbei der Künstliche Horizont und der Turn Coordinator.

Der Künstliche Horizont zeigt sehr genau Schräglage und Pitch Attitude an, ist aber für den ungeübten Instrumentenflieger leicht falsch zu interpretieren: Wenn beispielsweise die (bewegliche) Horizontlinie links hängt, sind Sie nicht in einer Links- sondern in einer Rechtskurve. Ist die Horizontlinie weit oben, sind Sie nicht zu hoch, sondern in einem Sturzflug. Und wenn die

Pneumatikpumpe versagt, bleibt die Anzeige irgendwo stehen und gaukelt Ihnen eine meist völlig falsche Fluglage vor. Und schließlich: Ältere Geräte können bei starker Turbulenz an die mechanische Begrenzung anschlagen und dann falsch anzeigen.

Der Turn Coordinator ist daher gerade für den Anfänger das bestgeeignete Instrument, weil einfacher interpretierbar: Hängt die linke Tragfläche des Flugzeugsymbols, sind Sie auch tatsächlich in einer Linkskurve.

Der Turn Coordinator ist lediglich vom Stromnetz abhängig, arbeitet demnach auch bei stehendem Motor. Nachteilig ist nur, dass dieses Instrument keine Pitch-Information hat. Aber letztere können Sie vernachlässigen, wenn Ihr Flugzeug ausgetrimmt ist.

Sollte der Turn Coordinator defekt sein, bleibt er in Neutralstellung. Das lässt den folgenden Schluss zu: Weicht die Anzeige von der Neutralstellung ab, ist die Anzeige IMMER richtig und zuverlässig.

Sie beherrschen also Ihr Flugzeug einigermaßen und können sich in aller Ruhe überlegen, wie Sie am besten aus der misslichen Lage herauskommen.

Möglichkeit 1: Umkehrkurve. Die Voraussetzung: Sie sind über ebenem Gelände und brauchen keine Hindernisse in Ihrer Flughöhe zu befürchten. Schauen Sie auf Ihren Kurskreisel, lesen oben den augenblicklichen Kurs ab, lesen unten den Gegenkurs ab, und gehen Sie in eine leichte Schräglage. Der Künstliche Horizont oder (besser) der Turn Coordinator ist dazu das richtige Instrument.

Hängt die Tragfläche des Flugzeugsymbols zu weit links, drehen Sie das Steuerhorn nach rechts, hängt sie zu weit rechts, drehen Sie das Steuerhorn nach links. Orientieren Sie sich an der Markierung des Instrumentes. Nach einer Minute sind Sie auf Gegenkurs und brauchen nur noch geradeaus zu fliegen, bis Sie wieder in bessere Sichtverhältnisse kommen.

Möglichkeit 2: Bitten Sie einen Fluglotsen um Hilfe. Gerade bei marginalen Sichtverhältnissen sind Verkehrsinformationen immer ratsam, und wenn Sie mit FIS in Verbindung sind, haben Sie bereits einen kompetenten Gesprächspartner.

Sagen Sie ihm, Sie hätten kaum Sicht und benötigten Radarhilfe, um aus der Situation heraus und schnellstmöglich zu einem Flugplatz mit brauchbaren Sichtverhältnissen zu kommen.

Damit weiß er, dass Sie in Schwierigkeiten sind, und er wird alles tun, um Sie ohne bürokratische Hemmnisse schnellstens und sicher an eine Landebahn zu bringen.

Sagen Sie am besten nicht wörtlich, Sie seien VFR unterwegs und in Wolken geraten. Das würde Ihnen zwar höchste Priorität einräumen und an der Hilfe des Lotsen nichts ändern, allerdings hätten Sie damit offiziell eine Notlage erklärt, die mit unangenehmen Konsequenzen verbunden sein könnte. (Allerdings sind diese Konsequenzen wesentlich angenehmer zu ertragen als ein Unfall mit fatalen Folgen.)

Der Lotse wird Sie vermutlich nicht fragen „Haben Sie die Instrumentenflugberechtigung?", sondern „Können Sie nach Instrumenten fliegen?", und er wird Ihnen den besten Weg zum nächstgeeigneten Flugplatz weisen. Fluglotsen sind keine Politessen, die nach Ordnungswidrigkeiten suchen!

Seine nächste Frage wird sein: „Wie viel Kraftstoff (in Stunden und Minuten) haben Sie noch verfügbar?" Je länger Sie noch fliegen können, umso mehr Möglichkeiten kann er Ihnen anbieten. Folgen Sie einfach seinen Anweisungen.

Sind Sie in der Lage, mit seiner Hilfe das Flugzeug aus den miserablen Bedingungen herauszufliegen, wird Sie nach geglückter Landung kaum ein Mensch fragen, durch welche illegale Maßnahmen Sie noch am Leben sind.

Und selbst wenn: Letztendlich ist es doch wesentlich gesünder, seine Haut zu retten, als aus Angst vor einem Bußgeld wegen einer Ordnungswidrigkeit nicht um Hilfe zu ersuchen und deswegen zur Unfallstatistik beizutragen!

3.3 Rettung aus der Steilspirale

Viele Unfälle sind darauf zurückzuführen, dass VFR-Piloten in marginale Sichtbedingungen geraten und sich plötzlich in einer Wolke befinden. Versuchen sie nun, ihr Flugzeug nach „Gefühl" zu steuern, endet das meist mit dem Verlust der Orientierung und ohne es zu merken geht das Flugzeug in eine Steilspirale.

Stellen Sie sich vor, das Flugzeug ist in einer Schräglage von 60° und mehr. Ziehen am Steuerhorn wird kaum die Geschwindigkeit verringern, sondern lediglich das Lastvielfache vergrößern, was in der Vergangenheit oft zum Zerlegen des Flugzeuges führte mit den vorstellbaren desaströsen Folgen.

Aber mit ein wenig Training ist auch für Sie eine solche Situation beherrschbar. Dafür sollten Sie den Ablauf bei guten Sichtbedingungen geübt haben.

Fliegen Sie auf eine ausreichende Höhe (3000 Fuß oder mehr), überzeugen Sie sich, dass keine Flugzeuge in Ihrer Nähe sind, bringen Sie Ihr Flugzeug in eine Schräglage von 30 Grad oder mehr und lassen Sie alle Kontrollorgane los.

Innerhalb kurzer Zeit wird das Flugzeug die Nase herunternehmen, die Schräglage verstärken und die Geschwindigkeit wird deutlich zunehmen.

Bevor die Geschwindigkeitsanzeige den grünen Bereich verlässt, bringen Sie das Flugzeug wieder in den Reiseflug:

1. Reduzieren Sie die Motorleistung auf Leerlauf
2. Bringen das Flugzeugsymbol im Turn Coordinator in die Waagerechte.
3. Ziehen Sie am Höhensteuer.

Ziehen Sie aber nicht zu stark und vor allen Dingen nicht zu lange! Sobald die Geschwindigkeitsanzeige sinkt und das Variometer „Steigen" anzeigt, lassen Sie das Höhensteuer los. Da das Flugzeug für den Reiseflug getrimmt war, wird sich diese Geschwindigkeit von selbst wieder einpendeln. Dann setzen Sie wieder Reiseleistung.

Wenn Sie das ein paarmal geübt haben und festgestellt haben, wie einfach Sie solch eine Situation bereinigen können, werden Sie vermutlich auch nach einer solchen Situation nicht so leicht in der Unfallstatistik auftauchen.

3.4 Motorausfall über den Wolken

Ganz unangenehm wird es, wenn Ihnen in oder über den Wolken auch noch der Motor Ihrer Cessna streiken sollte. Doch selbst in einem solchen Fall haben Sie noch eine gute Chance, nach der Ankunft am Boden die übrig gebliebenen Reste Ihres Flugzeuges zu verlassen, auch wenn Sie keinen Instrumentenflug beherrschen.

Die nachfolgend beschriebene Methode funktioniert hervorragend bei den kleinen Cessnas:

Verringern Sie die Geschwindigkeit, fahren Sie volle Klappen und trimmen Sie nahezu bis zum Anschlag schwanzlastig.

Falls Sie die Pitch Attitude Ihres Flugzeuges am natürlichen oder künstlichen Horizont erkennen können, so nutzen Sie Ihr Höhensteuer lediglich dazu, die Nickbewegungen um die Querachse zu dämpfen. Sobald sich die Fluglage stabilisiert hat, überlassen Sie das Einhalten der Pitch Attitude besser dem Flugzeug.

Sowohl die Sinkrate als auch die Geschwindigkeit sind moderat. Letztere wird im Bereich der normalen Geschwindigkeit für den Endanflug liegen. Versuchen Sie lediglich, mit koordinierten Bewegungen von Quer- und Seitenruder das Flugzeugsymbol im Turn Coordinator waagerecht zu halten.

Ziehen Sie nicht vor lauter Angst die Fahrt weg! Überlassen Sie das Einhalten der Geschwindigkeit dem Flugzeug, und konzentrieren Sie sich auf die waagerechten Tragflächen.

Wenn Sie einmal bei guten Sichtbedingungen üben Ihr Flugzeug ausschließlich mit dem Turn Coordinator waagerecht zu halten, wird es Ihnen auch im Notfall nicht schwergefallen.

Lassen Sie das Flugzeug einfach durch die Wolken sinken, bis Sie wieder Sicht haben und weiterfliegen oder landen können.

3.5 Notabstieg

Stellen Sie sich vor, Sie fliegen in bestem Wetter und ebensolcher Laune über Land. Sie sind etwa 6000 Fuß über Grund und urplötzlich riecht es verbrannt, und Sie sehen auch schon Flammen und Rauch aus dem Motorraum quellen. Was tun? Natürlich so schnell wie möglich landen. Wiesen und Äcker gibt es genug, Sie haben die freie Auswahl. Aber die Zeit drängt.

Sie wissen: Die Sinkrate wird vergrößert durch Klappen, Slippen und Gewicht. Wenn Sie Ihr Flugzeug auch nicht schwerer machen können, so können Sie doch durch Steilkurven die Flächenbelastung erhöhen. Also machen Sie einen Steilkurvenslip mit vollen Klappen:

1. Reduzieren Sie die Motorleistung oder stellen Sie den Motor ab, wenn Sie geeignete Landefelder unter sich haben. Der Motor entwickelt nämlich Wärme, und die können Sie im Moment nicht brauchen. (Also Gas zurück, Gemisch auf „Abstellen", Brandhahn zu, Zündung aus).
2. Nehmen Sie kurz die Flugzeugnase hoch, bringen die Geschwindigkeit in den weißen Bereich der Fahrtanzeige und fahren die Klappen voll aus.
3. Trimmen Sie 5 Schläge schwanzlastig
4. Gehen Sie in eine Schräglage von 45 bis 60 Grad nach links.
5. Treten Sie bis zum Anschlag ins rechte Seitenruder.
6. Kontrollieren Sie die Geschwindigkeit mit der Schräglage. 80 Knoten auf dem Fahrtmesser sind ein guter Wert. Werden Sie langsamer, vergrößern Sie die Schräglage. Werden Sie zu schnell verringern Sie die Schräglage.

So erhalten Sie eine Sinkrate, die den Vergleich mit einem fallenden Klavier nicht scheuen muss.

Fangen Sie beim Üben mit kleineren Schräglagen an und tasten Sie sich mit zunehmender Routine an größere Steilkurvenlagen heran. Bei 70° bis 80° Schräglage sind Sinkraten oberhalb 2000 Fuß pro Minute leicht möglich.

Aber Achtung: Halten sie die Geschwindigkeit in einem vernünftigen Bereich. Bei 60° Schräglage ist bekanntlich die Überziehgeschwindigkeit 41% höher als im Geradeausflug. Sie sollten zur Sicherheit weitere 40% schneller fliegen, um nicht in den überzogenen Flugzustand zu geraten. 1,4 zum Quadrat ergibt etwa 2, darum ist die doppelte Überziehgeschwindigkeit für den Geradeausflug ein guter Anhaltswert für die Geschwindigkeit bei diesem

Manöver. (Beginn des weißen Bogens im Fahrmesser x 2.) So haben Sie einerseits genügend Sicherheit vor dem Überziehen, sind aber andererseits genügend langsam, um den Klappenmechanismus nicht zu überlasten. Denn würden sich die Klappen auf nur einer Seite verbiegen, könnte das Flugverhalten Ihres Flugzeuges sehr problematisch werden.

Sollten Sie einmal zu schnell werden, behalten Sie den Zug am Höhensteuer bei und verringern einfach nur die Schräglage. So sinkt die Geschwindigkeit rapide - ohne zusätzliche Belastung des Flugzeuges.

Aber Sie sollten auch nicht zu langsam werden. Die Sinkrate wird geringer, jedoch kann bei zu geringer Fahrt das Höhenruder in die Luftwirbel des Rumpfes geraten, und damit wird das Flugzeug abrupt die Nase herunternehmen. Bringen Sie in diesem Falle kurzzeitig alle Ruder in Normalposition. Das Flugzeug stabilisiert sich sofort wieder.

In großer Höhe ist das unproblematisch, in Bodennähe kann das gefährlich werden. Daher opfern Sie bei geringer Höhe besser die hohe Sinkrate zugunsten einer guten Ausgangsposition für die bevorstehende Notlandung.

Verringern Sie die Schräglage, und sehen Sie zu, dass Sie in etwa einem Kilometer Entfernung zum Aufsetzpunkt noch etwa 1000 Fuß Höhe haben. Das erscheint zwar recht hoch, aber bedenken Sie, dass Sie die Landeklappen voll ausgefahren haben und daher der Anflug ungewöhnlich steil wird.

Sollten Sie allerdings deutlich zu hoch ankommen, können Sie durch Langsamfliegen ihren Anflug nochmals verkürzen. (Siehe Kapitel „Zu hoher Endanflug".) Als weitere Möglichkeit bleibt dann immer noch der Seitengleitflug oder Slip.

3.6 Turbulenz

Turbulenz ist das, was man fühlt, wenn man abwechselnd aufsteigende und absinkende Luftpakete durchfliegt. In starken Turbulenzen zu fliegen ist das oft recht unangenehm.

Sie können aber den Flug weniger unangenehm gestalten, indem Sie langsamer fliegen

Es versteht sich allerdings von selbst, dass Sie dabei eine Geschwindigkeit wählen, die genügend hoch über der Überziehgeschwindigkeit Ihres Flugzeuges liegt, damit Ihr Flugzeug steuerbar bleibt.

Da sich bei Turbulenz sowohl vertikale als auch horizontale Luftströmungen in kurzer Zeit ausgleichen, müssen Sie lediglich darauf bedacht sein, die Pitch Attitude weitgehend konstant zu halten. Jede Bö „abreiten" zu wollen, ist erstens nicht durchführbar, zweitens belastet jede heftige Auslenkung der Steuerflächen Ihr Flugzeug nur noch zusätzlich.

Versuchen Sie bei heftiger Turbulenz nie, Ihre Höhe halten zu wollen. Vertikale Luftströmungen in Gewitternähe oder bei Föhn in den Alpen können weit jenseits des Steigvermögens eines jeden Flugzeuges liegen. Sollten Sie einen Autopiloten mit Höhenhaltung haben, so schalten Sie ihn aus, er könnte Sie umbringen: In Gebieten mit großem Steigen verringert er die Pitch Attitude, das Flugzeug wird schneller und schneller, und ehe Sie sich versehen, haben Sie die V_{ne} überschritten und verlieren einige wesentliche Teile Ihres Flugzeuges.

Auch Querlage und Kurs sollten Sie manuell steuern, da Sie im Gegensatz zu den meisten Autopiloten angepasst reagieren können.

Vergessen Sie auch die momentane Geschwindigkeitsanzeige. In schwerer Turbulenz tanzt die Nadel des Geschwindigkeitsmessers wild herum. Also nehmen Sie den Mittelwert der Anzeige als Anhaltspunkt; die momentane Ablesung hat keinen vernünftigen Aussagewert. Bleiben Sie unterhalb der Manövergeschwindigkeit, alles andere ist von geringerer Wichtigkeit.

Halten Sie dazu die Pitch Attitude möglichst konstant. Das wichtigste „Instrument" dafür ist hier wieder einmal der Smiley, ersatzweise der künstliche Horizont.

3.7 Notlandung

Der Unterschied zwischen einer gelungenen Notlandung und einem tödlichen Unfall liegt zu 99 Prozent in der Sinkrate. Selbst stabile Bäume müssen nicht unbedingt zu fatalen Folgen führen: Steuert man das Flugzeug zwischen die Bäume, sodass je ein Baum die rechte und linke Tragfläche abschert, so wird die Passagierzelle viel weicher abgebremst als es das bei einem Vertikalaufprall in den weichsten Humus der Fall ist. Es ist daher der wichtigste Punkt bei allen Notlagen, das Flugzeug steuerbar zu halten.

Befolgen Sie Bob Hoovers Rat: „Fly the aircraft into the crash as far as you can!"

Nehmen wir an, das Flugzeug befindet sich im Reiseflug. Plötzlich stottert der Motor, hat nach wenigen Sekunden keinerlei Leistung mehr und dreht nur noch im Fahrtwind.

In der ersten Panik vergisst der überraschte Pilot alle in der Schulung gelernten Handgriffe und schaut sich nach einem Notlandefeld um. Möglicherweise bemüht er sein GPS, um die Lage des nächstgelegenen Flugplatzes zu ergründen. Vielleicht versucht er seinen Motor wieder zu starten und hat dabei aber völlig vergessen, dass sein Flugzeug immer noch für den Reiseflug konfiguriert ist und nicht für eine Landung.

Wenn wir einmal davon ausgehen, dass etwa ein Drittel aller Notfälle auf Kraftstoffmangel zurückzuführen sind, dann wird klar, dass die Chancen für einen Wiederstart 2 zu 1 stehen - also deutlich schlechter als russisches Roulette mit den Chancen 5 zu 1. Die Zeit, die man zum Durchspielen aller Möglichkeiten zum Wiederstart benötigt, ist zudem meist kürzer als die verbleibende Flugzeit.

Darum gilt hier als oberste Devise: Erst das Flugzeug fliegen.

Die längste Zeit bis zum Bodenkontakt haben Sie, wenn Sie mit der Geschwindigkeit des geringsten Sinkens, die längste Strecke, wenn Sie mit der Geschwindigkeit besten Gleitens fliegen. Diese Geschwindigkeiten liegen nahe beieinander und in jedem Falle deutlich unterhalb der Reisegeschwindigkeit.

Also kann man die Über-Fahrt noch in zusätzliche Höhe umwandeln (wieder sei an die Achterbahn erinnert). Theoretisch kann man nach der Formel $v^2 = 2gh$ aus der kinetischen Energie, die man durch ein Vermindern der Geschwindigkeit von 100 auf 70 Knoten gewinnt, einen Höhenzuwachs von

229 Fuß errechnen. Bei Sinkraten um 700 Fuß pro Minute ist das ein Zeitgewinn von nahezu 20 Sekunden!

Also ziehen Sie sofort beherzt am Höhensteuer und stellen Ihr Flugzeug auf die Geschwindigkeit des geringsten Sinkens ein.

In der Praxis sieht das in der Cessna 172 so aus: Ziehen Sie mit der linken Hand den Smiley für 3 bis 4 Sekunden etwa 30 Zentimeter höher, ziehen mit der rechten Hand die Vergaservorwärmung und trimmen 5 volle Schläge in Richtung schwanzlastig.

Warum ausgerechnet jetzt die Vergaservorwärmung? Keine 10% der Notlagen werden doch durch Vergaservereisung hervorgerufen?!

Das ist richtig. Doch erstens kostet es keine Zeit, da man nur mit der linken Hand mit dem Hochziehen des Flugzeuges beschäftigt und die rechte Hand frei ist, aber zweitens, und das ist viel wichtiger, wirkt die Vergaservorwärmung nur bei heißem Auspuff. Wenn man erst lange Sekunden vertan hat, ist der Auspuff kalt und die Vorwärmung wertlos.

Machen Sie alles richtig, ist innerhalb von etwa 3 Sekunden die Fahrt auf 80 Knoten zurückgegangen, und es wird Zeit, den Smiley wieder herunterzudrücken, und zwar eine halbe Handbreite tiefer als im Reiseflug. Während dieser Zeit verliert das Flugzeug weiter an Fahrt.

Da Sie ja inzwischen mit den fünf Schlägen am Trimmrad die geringere Geschwindigkeit eingestellt haben, könnten Sie das Steuerhorn loslassen. Ihre Cessna fliegt mit etwa 65 Knoten von allein weiter.

Die Geschwindigkeit besten Gleitens hängt nur unwesentlich von Flughöhe, Beladung und Schwerpunkt ab. Somit ist 65 ein guter Anhaltswert. Konsultieren Sie am besten das Handbuch Ihres Flugzeuges, damit Sie die optimale Geschwindigkeit für den Notfall kennen.

Haben Sie alles in der richtigen Reihenfolge durchgeführt, ist das Flugzeug bestens für Gleitflug und Landung vorbereitet. Sie müssen sich jetzt nicht mehr mit dem Führen Ihres Flugzeuges beschäftigen und haben den Kopf für weitere Überlegungen frei.

Üben Sie diese Handgriffe immer wieder, damit die ganze Prozedur ohne Überlegen und wie im Schlaf abläuft. Damit schaffen Sie die wichtigste Voraussetzung für eine gelungene Notlandung. Die Routine vermittelt Ihnen außerdem das sichere Gefühl, das Wesentliche im Griff zu haben. So kann Panik gar nicht erst aufkommen.

Sollten Sie ein Flugzeug mit Verstellpropeller fliegen, stellen Sie den Propeller auf große Steigung (Propellerverstellhebel ziehen). Damit können Sie den Luftwiderstand des im Fahrtwind mitdrehenden Propellers deutlich verringern.

Neben der richtigen Trimmung auf die Geschwindigkeit besten Gleitens ist jedoch der nun wichtigste Punkt die Auswahl eines geeigneten Notlandefeldes.

Nehmen Sie eins, das schräg links unter Ihnen liegt und einigermaßen geeignet erscheint. Nur wenn dort ausnahmslos Wald oder sehr raues Gelände zu sehen ist, fliegen Sie eine Kurve und schauen sich das Gelände auf der anderen Seite Ihres Flugweges an.

Denken Sie daran, dass jedes entfernte Gelände immer ebener und einladender aussieht als jenes gerade unter Ihnen. Wenn Sie versuchen, dorthin zu gelangen, vertun Sie kostbare Höhe und Zeit, um anschließend meistens festzustellen, dass es noch schlechter geeignet ist als das vormals nahe. Bleiben Sie bei Ihrer ersten Wahl. Sie ist fast immer die beste.

Sie können das selbst einmal bei einem Überlandflug überprüfen. Sie werden beim Näherkommen feststellen, dass sich ein in der Entfernung als ideal präsentierendes Notlandefeld häufig als völlig ungeeignet entpuppt.

Vertun Sie auch nicht unnötig Zeit, wenn kein einziges Stück Land geeignet aussieht. Dann nehmen Sie eben ein ungeeignetes und stellen sich vor, es sei Ihr Heimatflugplatz, und es wird Ihnen eine perfekte Ankunft am Boden gelingen. Ein Flugzeug kann eine Menge kinetischer Vorwärtsenergie absorbieren! Solange das Flugzeug nicht mit der Nase zuerst den Boden berührt, haben Sie die besten Chancen, unverletzt aus dem auszusteigen, was von Ihrem Flugzeug übriggeblieben ist. Schauen Sie sich dazu einmal das folgende Video an:

https://www.youtube.com/watch?v=vXmxeU5CEos

Im Gegensatz dazu vertragen Flugzeuge keine Ankunft am Boden mit hohen Sinkraten, wie sie beim Trudeln erreicht werden.

Nehmen Sie sich genügend Zeit, um sich das Landefeld mit seiner Umgebung einzuprägen. Schätzen Sie Ihren Gleitweg ab, und suchen Sie sich die Punkte zum Eindrehen in den Quer- und den Endanflug, die einen Endanflug von etwa einer Minute Länge erlauben.

Der Gleitwinkel Ihres Flugzeuges ist dabei von entscheidender Bedeutung. Das Handbuch der Cessna 152 und 172 nennt einen Gleitweg von 10 Meilen aus 6000 Fuß Höhe, das entspricht einem Gleitverhältnis von 1:10. Da in den Handbüchern die Zahlen gerne etwas geschönt werden, kann man von realistischen 1:8 ausgehen. Das entspricht einem Gleitwinkel von knapp 8°.

Flugzeuge mit Einziehfahrwerk und ohne Verstrebungen an den Tragflächen haben ein eindeutig besseres Gleitverhalten, sind dafür aber schneller. Die Sinkraten sind daher ähnlich.

Trainieren Sie Ihr Auge auf den Gleitwinkel Ihres Flugzeuges. Das beste Hilfsmittel hierzu ist wieder der Smiley. Üben Sie aus sicherer Höhe einen Anflug auf ein Landefeld (es darf auch Ihr Heimatflugplatz sein), und halten Sie dabei die Geschwindigkeit besten Gleitens ein.

Berücksichtigen Sie dabei, dass der Motor im Leerlauf immer noch zieht. Besser ziehen Sie den Gemischregler auf „Schnellstop", dann wissen Sie, wie Ihr Flugzeug mit defektem Motor gleitet. Wenn Sie Ihre Geschwindigkeit konstant halten, zeigt Ihnen der Smiley dabei exakt, wie weit Sie fliegen können. Üben Sie auf Ihrem Heimatflughafen ohne Motorhilfe zu landen.

Starker Wind verleitet oft zu falscher Einschätzung des Gleitwinkels. Bei Gegenwind sollten Sie daher schneller fliegen. Rechnen Sie als Zuschlag etwa die Hälfte der Windgeschwindigkeit, und fliegen Sie entsprechend steiler an.

Sollten Sie trotz aller Vorsichtsmaßnahmen feststellen, dass Sie im Endanflug zu niedrig sind, um das ausgesuchte Landefeld zu erreichen, fliegen Sie noch schneller! Wie im Kapitel „Zu hoher Landeanflug" beschrieben, müssen Sie - ich betone: **müssen Sie** – entgegen dem Instinkt oder Ihrem Gefühl handeln!

Wenn Sie ziehen, haben Sie kurzzeitig ein Erfolgserlebnis, da Sie ja Fahrt in Höhe umwandeln. Aber dann sind Sie im Langsamflug mit einem schlechteren Gleitwinkel und kommen zudem noch mit einer Geschwindigkeit nahe dem Überziehen an den Boden, bei dem Ihr Flugzeug sehr träge auf die Steuerung reagiert.

Fliegen Sie schneller, so wird Ihr Gleitwinkel nicht wesentlich schlechter. (Siehe Tabelle im Kapitel „Zu hoher Endanflug".) Aber dafür befinden Sie sich nicht so lange Zeit im (starken) Gegenwind, da dieser in Bodennähe deutlich nachlässt. Sie kommen so schneller und mit höherer Geschwindigkeit in den Bodeneffekt, der Ihnen noch ein paar zusätzliche Meter Flugweg ermöglicht. Also, auch in diesem Falle, so paradox es klingt: Durch Drücken wird Ihr Anflug keinesfalls kürzer, eher länger.

Sollten Sie ein Flugzeug mit Einziehfahrwerk fliegen, stellt sich die Frage, ob Sie bei der Notlandung mit oder ohne Fahrwerk landen wollen. Wägt man die

Chancen ab, so spricht mehr dafür, das Fahrwerk auszufahren. Falls es nicht abreißt, hat man Motor und Propeller gerettet. Falls es abreißt, absorbiert es dabei eine Menge Energie.

Zu hoch am Landefeld ankommen ist immer besser als zu niedrig. Durch Langsamflug oder Slippen können Sie leicht überschüssige Höhe loswerden. Und letztendlich ist es immer noch risikoloser, mit 20 Knoten in den Zaun am Ende der Landewiese zu rutschen, als vor dem geeigneten Landefeld runterzufallen.

Versuchen Sie nie Ihr Flugzeug zu retten. Schließlich hat es Sie im Stich gelassen und Sie in eine gefährliche Situation gebracht. Warum sollten Sie es jetzt schonen?

Denken Sie an die oftmals zitierten Sprüche: "As long as you can walk away, it was a good landing" und "If you can use the aircraft again, the landing was almost perfect".

Ein weiterer Aspekt muss noch erwähnt werden: Je höher Sie fliegen, umso mehr Zeit bleibt Ihnen. Nachdem Sie die Geschwindigkeit besten Gleitens eingestellt und ein passendes Landefeld ausgesucht haben wird vielleicht die Zeit für einen Wiederstart des Motors und Durchführung der Notlandecheckliste ausreichen. (Eine Kopie derselben sollten Sie sich griffbereit ins Flugzeug legen.)

Aber vergeuden Sie nicht zu viel Zeit damit. Fliegen Sie Ihr Flugzeug!

Vergessen Sie Unwichtiges wie den Funk. Es ist immer noch besser, mit dem Mobiltelefon ein Taxi zu bestellen, als vor lauter Checklistenstress das Fliegen zu vergessen, nur damit der Rettungshubschrauber ein paar Minuten früher an der Unfallstelle ankommt.

3.8 Motorausfall nach dem Start

Bei einem Motorausfall kurz nach dem Start sind die Möglichkeiten einer Notlandung bekanntermaßen begrenzt. Allgemein wird empfohlen, geradeaus zu landen, auch wenn das Gelände nicht gerade einladend aussieht. Die Überlebenschancen sind ungleich höher als bei einem durch Trudeln verursachten Absturz.

Aber ab welcher Höhe ist eine Umkehrkurve machbar? Da gibt es die unterschiedlichsten Meinungen, als Hausnummer werden 1000 Fuß Mindesthöhe genannt, aber stichhaltigen Beweise wurden bisher meines Wissens nicht vorgelegt.

Da aber ein Flugzeug den Gesetzen der Physik unterliegt, sollte ein Nachweis möglich sein. Dabei gehen wir der Einfachheit halber für eine Richtungsumkehr auf dem Gegenkurs von einem Dreiviertelkreis in die eine und einem Viertelkreis in die Gegenrichtung aus.

Viele Privatpiloten fliegen die Cessna 172, darum soll dieses Flugzeug einmal für die folgende Berechnung herhalten. Dabei nehmen wir eine Platzhöhe von 2000 Fuß bei einer Temperatur von 20°C an.

Zwei Fragen sollen geklärt werden:

• Ab welcher Höhe ist eine Umkehrkurve möglich?

• Wie weit ist der Punkt der Landung vom Startpunkt entfernt?

Für die Berechnung benötigen wir diverse Daten aus dem Handbuch, die zur Vereinfachung der Berechnung in metrische Einheiten umgerechnet werden:

• Startstrecke

• Steigstrecke

• Steigrate

• Gleitzahl bei der Geschwindigkeit besten Gleitens

Die **Startrollstrecke** bei 20°C und 2000 Fuß Platzhöhe beträgt 1075 Fuß, also etwa 325 Meter, die **Startstrecke** bis zu einer Höhe von 50 Fuß über Grund 1540 Fuß, also 462 Meter.

Die **Steigrate** bei diesen Bedingungen liegt bei 535 FPM, also 2,67 m/sec. bei einer Geschwindigkeit von 76 KIAS, entsprechend 39 m/sec.

Vernachlässigen wir einmal die notwendige Beschleunigung bis zu dieser Geschwindigkeit, beträgt das **Steigverhältnis** (zurückgelegte Strecke je Meter Höhengewinn) 14,6.

Im Diagramm „Maximum Glide" beträgt die zurückgelegte Strecke aus einer Höhe von 10000 Fuß etwa 15 NM bei einer Geschwindigkeit von 65 KIAS oder 33 m/sec. Das entspricht einer **Gleitzahl** von 9,25.

Jetzt können wir mit der Berechnung beginnen.

In der Kurve nimmt das **Lastvielfache** zu, damit muss auch die Geschwindigkeit entsprechend höher sein. Da der Auftrieb mit dem Quadrat der Geschwindigkeit zunimmt, muss man die Geschwindigkeit lediglich um die Wurzel des Lastvielfachen erhöhen, um jeweils die Geschwindigkeit besten Gleitens zu errechnen.

Das Lastvielfache entspricht der Erdbeschleunigung geteilt durch den Cosinus des Schräglagewinkels:

Schräglagewinkel (Grad)	0	10	20	30	40	45	50
cos des Schräglagewinkels	1	0,985	0,94	0,866	0,766	**0,707**	0,643
Lastvielfaches	1	1,015	1,064	1,155	1,305	**1,414**	1,555
optimale Geschwindigkeit (m/s)	33	34	34	36	38	**40**	42
sin des Schräglagewinkels	0	0,174	0,342	0,5	0,643	**0,707**	0,766

Um einen Kreis zu fliegen, benötigen das Flugzeug eine horizontal gerichtete Kraft, die der Fliehkraft entgegengesetzt wirkt, die Zentripetalkraft. Sie entspricht dem Sinus der Schräglage mal der Auftriebskraft. (Die notwendige Auftriebskraft ist Masse mal Schwerkraft mal Lastvielfaches.)

Die Zentripetalbeschleunigung A_y errechnet sich aus dem Quadrat der Geschwindigkeit geteilt durch den Kurvenradius: $A_y = v^2/r$. Diese Gleichung löst man nach dem Kurvenradius auf. Der Kreisdurchmesser beträgt 2-mal Radius und es ergibt sich die folgende Tabelle:

Schräglagewinkel (Grad)	0	10	20	30	40	45	50
cos des Schräglagewinkels	1	0,985	0,94	0,866	0,766	**0,707**	0,643
Lastvielfaches	1	1,015	1,064	1,155	1,305	**1,414**	1,555
optimale Geschwindigkeit (m/s)	33	34	34	36	38	**40**	42
sin des Schräglagewinkels	0	0,174	0,342	0,5	0,643	**0,707**	0,766
Kreisdurchmesser (m)		1310	665	455	354	**322**	297

Jetzt interessiert weiterhin, wie stark das Flugzeug in Abhängigkeit von der Schräglage sinkt, denn so lässt sich die Mindesthöhe errechnen, aus der eine Umkehrkurve rechnerisch möglich ist.

Die Gleitzahl ist vom Gewicht und damit vom Lastvielfachen unabhängig, mit zunehmendem Lastvielfachen nimmt also die Sinkrate proportional zu.

Schräglagewinkel (Grad)	0	10	20	30	40	45	50
cos des Schräglagewinkels	1	0,985	0,94	0,866	0,766	0,707	0,643
Lastvielfaches	1	1,015	1,064	1,155	1,305	1,414	1,555
optimale Geschwindigkeit (m/s)	33	34	34	36	38	40	42
sin des Schräglagewinkels	0	0,174	0,342	0,5	0,643	0,707	0,766
Kreisdurchmesser (m)		1310	665	455	354	322	297
Sinkrate (m/sec)	3,7	3,7	3,8	4	4,2	4,4	4,6

Der Höhenverlust bei einem Vollkreis ergibt sich aus der Sinkrate multipliziert mit der Zeit für einen Vollkreis.

Schräglagewinkel (Grad)	0	10	20	30	40	45	50
cos des Schräglagewinkels	1	0,985	0,94	0,866	0,766	0,707	0,643
Lastvielfaches	1	1,015	1,064	1,155	1,305	1,414	1,555
optimale Geschwindigkeit (m/s)	33	34	34	36	38	40	42
sin des Schräglagewinkels	0	0,174	0,342	0,5	0,643	0,707	0,766
Kreisdurchmesser (m)		1310	665	455	354	322	297
Sinkrate (m/sec)	3,7	3,7	3,8	4	4,2	4,4	4,6
Zeit für einen Vollkreis (sec)		122	61	40	29	25	17
Sinken im Vollkreis (m)		444	226	154	120	101	89

Aus diesen Werten geht hervor, dass für das angenommene Flugzeug eine Umkehrkurve aus mindestens 101 Metern entsprechend 330 Fuß rechnerisch möglich erscheint, vorausgesetzt, man bringt das Flugzeug sofort in die richtige Geschwindigkeit und Schräglage.

Nun ist noch interessant zu wissen, wo sich das Flugzeug am Ende der Umkehrkurve befindet.

Laut Handbuch beträgt die Gesamtstartstrecke bis zu einer Höhe von 50 Fuß über Grund bei den anfänglich angenommenen Bedingungen 1540 Fuß, also 462 Meter. Bestes Steigen von 560 FPM (=2,8m/sec) hat man bei 76 Knoten(=39,055m/sec), das entspricht einer „Steigzahl" (Höhengewinn geteilt durch zurückgelegte Strecke) von 13,95.

Um von 50 auf 330 Fuß (also um 85 Meter) zu steigen braucht das Flugzeug 30 Sekunden und legt in dieser Zeit 1170 Meter zurück. Das Flugzeug befindet sich also 1632 Meter vom Startpunkt entfernt, wenn es die Höhe von 330 Fuß erreicht hat.

Fällt in dieser Situation der Motor aus, benötigt man eine Kurve von 270 Grad in die eine und 90 Grad in die Gegenrichtung, um auf die gleiche Grundlinie zu kommen. Damit nähert sich das Flugzeug dem Startpunkt um einen Kreisdurchmesser, also etwa 350 Meter. Somit hätte das Flugzeug in einer Entfernung von etwa 1280 Metern zum Startpunkt Bodenkontakt.

Nun herrscht aber beim Start meistens Gegenwind. Der Wind treibt das Flugzeug in Richtung Startpunkt. Bei einem angenommenen Wind von 10 Knoten, etwa 5 m/s, ergeben sich folgende Zahlen:

- Für die Zeit vom Start bis zur Höhe von 50 Fuß findet man im Handbuch keine Angaben. Es dürften geschätzt etwa 30 Sekunden sein.
- Zum Steigen um 280 Fuß vergehen weitere 30 Sekunden.
- Für den Vollkreis benötigt man 25 Sekunden, also zusammen also 85 Sekunden, in denen das Flugzeug durch den Wind etwa 425 Meter in Richtung Startpunkt getrieben wird.

In diesem Falle wäre das Flugzeug noch 855 Meter vom Startpunkt entfernt, hätte also ausreichend Landebahn vor sich.

Nicht berücksichtigt ist bei den bisherigen Überlegungen, dass nicht unbedingt ein Vollkreis zum Umkehren erforderlich ist (durchgezogene Linie). Es genügt, etwas mehr als einen Dreiviertelkreis und dann nahezu geradeaus zum Aufsetzpunkt zu fliegen (gestrichelte Linie).

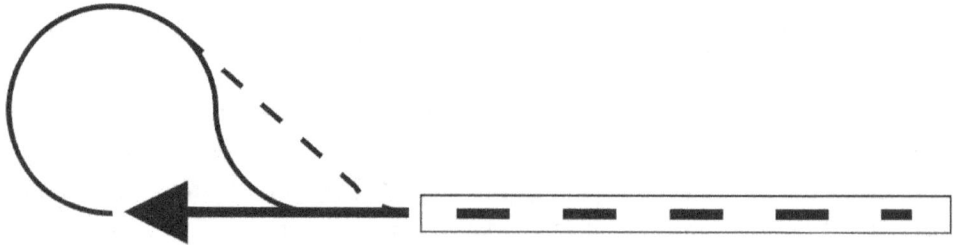

Diesen letzten Teil der Flugstrecke fliegt man mit der Geschwindigkeit besten Gleitens, was zu geringerem Höhenverlust führt und damit die Situation verbessert.

Das Rezept zum Überleben bei einem Motorausfall kurz nach dem Start in geringer Höhe ist fast immer, nahezu geradeaus zu einem halbwegs brauchbaren Gelände zu fliegen.

Aber wie die vorangegangene Berechnung zeigt, kann eine Umkehrkurve unter bestimmten Bedingungen erfolgreich durchgeführt werden, wobei der Wind einen wesentlichen Faktor darstellt.

Wie bereits angeführt befindet man sich bei Windstille nach der Umkehrkurve aus 101 Metern (330 Fuß) noch 1270 Meter vom Startpunkt entfernt. Interessant wäre nun zu wissen, wie sich der Wind auf die Berechnung auswirkt.

In jeder Sekunde mit Motorleistung steigt das Flugzeug um 2,8 Meter und entfernt sich dabei vom Startpunkt um 39 Meter. Bei 1000 Fuß (300 Metern Höhe) ist demnach das Flugzeug 678 Fuß (203,4 Meter weitergestiegen und hat sich dabei um 2837 Meter weiter entfernt.

In jeder Sekunde ohne Motorleistung sinkt das Flugzeug um 3,7 Meter und kommt dabei dem Startpunkt um lediglich 33 Meter näher. In der Zeit, in der das Flugzeug auf 322 Fuß sinkt, kommt es dem Startpunkt um gerade einmal 1830 Meter näher. Hier wäre also das Flugzeug in einer Entfernung von 2237 Metern zum Startpunkt am Boden.

Es ist also außerordentlich unsinnig, eine Umkehrkurve mit einer kleinen Cessna bei Windstille zu versuchen. Das geht kaum, egal aus welcher Höhe, es sei denn die Landebahn ist ungewöhnlich lang. Windstille herrscht aber nur recht selten.

Bei Windstille steigt die Cessna 172 etwa 2,8 Meter pro Sekunde bei 39 Metern Strecke und sinkt mit 3,7 Meter bei 33 Metern Strecke, siehe oben).

Herrscht Gegenwind beim Start ergeben sich folgende Werte:

Wind (kts)	0	5	6	7	8
Wind (m/sec)	0	2,6	3,1	3,6	4,1
Strecke über Grund pro Meter Steigen	12,143	11,786	11,439	11,071	13,929
Strecke über Grund pro Meter Sinken	10,27	10,541	10,811	11,081	8,919

Wie man aus dieser Tabelle ersieht, ist bereits bei Windgeschwindigkeiten oberhalb 7 Knoten der Höhengewinn über Grund beim Steigflug größer als der Höhenverlust beim Gleitflug. Zunehmende Höhe und größere Windgeschwindigkeit verbessern also die Situation. Umkehren ist demnach häufig recht gut möglich.

Doch sollten Sie vor jedem Start die Bedingungen genau analysieren und die Entscheidung treffen, ob und ab welcher Höhe eine Umkehrkurve ratsam ist, bevor Sie Gas geben. Eine Entscheidung erst im Ernstfalle zu treffen kostet wertvolle Zeit und endet meist tödlich.

Um wieviel Ihr Flugzeug bei einer Umkehrkurve sinkt, können Sie leicht selber ausprobieren, indem Sie in ausreichender Höhe Ihren Motor auf Leerlauf bringen. Dann ziehen sie den Gemischregler, damit der Motor wirklich keinerlei Leistung abgibt, anschließend messen Sie den Höhenverlust eines Vollkreises im Gleitflug. Am besten, Sie fliegen zwei oder drei Vollkreise und mitteln das Ergebnis.

Probieren Sie einmal verschiedene Geschwindigkeiten und Schräglagen aus. Bei kleiner Schräglage dauert die Kurve sehr lange, was mit längerer Flugzeit verbunden ist. Große Schräglagen hingegen bedeuten ein erhöhtes Lastvielfaches, was wiederum die Sinkrate erhöht. Ein guter Kompromiss, der auch für Passagiere noch erträglich ist, ist eine Schräglage um 40°. Rechnerisch sind 55° optimal, aber nur unwesentlich besser.

Erfliegen Sie sich mit Ihrem Flugzeug die Daten, setzen sich Ihr eigenes Limit, spielen die Situation oft in Gedanken durch und handeln im aktuellen Notfall danach. Im Zweifelsfalle bietet eine Landung geradeaus, auch wenn das Gelände noch so ungeeignet erscheint, gute Chancen, den Notfall zu überleben.

Ab einer Höhe von etwa 350 Fuß kann aber bereits eine Umkehrkurve möglich sein. Allerdings nur, wenn Sie sofort eine Kurve mit 45 Grad Schräglage einleiten, mit einer Geschwindigkeit von 77 Knoten fliegen, bis Sie die Bahn vor sich sehen und dann die Geschwindigkeit auf 65 Knoten verringern.

Das klingt alles sehr theoretisch und kopflastig, aber es funktioniert! Ich habe es probiert. Probieren Sie es auch und üben Sie es bei sicheren Bedingungen in ausreichender Höhe.

Es könnte Ihr Leben oder zumindest Ihr Flugzeug retten.

3.9 Windscherung

Normalerweise können Windscherungen erst erkannt werden, wenn man in sie hineingeraten ist: Die Fahrtanzeige ändert sprunghaft den angezeigten Wert. Häufig geht dieser Änderung eine kurze turbulente Phase voraus.

Gefährlich an Windscherungen ist, dass sie meist überraschend und ohne Vorwarnung auftreten. Aber auch wenn man vor der Gefahr gewarnt ist, so ist es nicht immer einfach, die Situation zu beherrschen.

Windscherungen können in allen Höhen auftreten. Man findet sie häufig an Fronten und Inversionen, aber auch völlig unvorhersehbar bei labiler Luftschichtung, insbesondere bei Gewittern. Auch kann Wind durch bodennahe Hindernisse (Wald, Bebauung oder Hügel und Berge) seine Richtung mit der Höhe ändern oder Leeturbulenzen erzeugen.

Während eines Überlandfluges, bei guter Sicht in Reiseflughöhe und mit Reisegeschwindigkeit, sind Windscherungen meist nicht sonderlich gefährlich, wegen der damit verbundenen Turbulenz eher nur unangenehm.

In Bodennähe allerdings, insbesondere bei Start und Landung, sind mit Windscherungen größere Gefahren verbunden.

Zum ersten ist die Fluggeschwindigkeit geringer, sodass ein plötzlicher heftiger Rückenwind zum Unterschreiten der Mindestgeschwindigkeit führen kann. Zum zweiten führt eine plötzlich eintretende Sinkrate von mehreren 1000 Fuß pro Minute, wie sie bei Microbursts vorkommen kann, auch bei relativ kurzer Durchflugdauer leicht zu ungewollter Bodenberührung mit fatalen Folgen.

Rund 62 Prozent aller durch Windscherung verursachten Unfälle sind auf Windscherung bei labilen Wetterlagen und konvektiven Vorgängen zurückzuführen.

Da solche Phänomene im Allgemeinen nicht länger als eine halbe Stunde dauern, können Sie Starts und Landungen bei Gewittern und durchziehenden Fronten vermeiden, indem Sie einfach auf bessere Verhältnisse warten.

Anders ist es bei stabilen Inversionslagen. Hier können Sie sich vorbereiten, und das Risiko ist berechenbarer.

Betrachten wir einen Landeanflug durch eine bodennahe Inversion:

Da Starts und Landungen immer gegen den Wind ausgeführt werden, herrscht oberhalb der Inversion im ungünstigsten Fall exakt Rückenwind. Sobald Sie aber durch die – meist turbulente - Inversionsgrenze gesunken sind, hat sich der Rückenwind in Gegenwind (!) verwandelt.

Das Flugzeug hat aber aufgrund seiner Massenträgheit seine Geschwindigkeit über Grund beibehalten. Die Fahrtanzeige wird also beim Durchfliegen der Inversionsgrenze deutlich steigen.

Wollen Sie wieder auf die ursprüngliche Geschwindigkeit gegenüber der Luft zurück, wird das Flugzeug seine Sinkrate kurzzeitig deutlich verringern. Haben Sie genügend Zeit, können Sie die Motorleistung reduzieren und nach Stabilisierung des Flugzeuges in der bodennahen Luftmasse den Anflug normal fortsetzen.

Reicht aber die Zeit zum Stabilisieren des Flugzeuges nicht aus, so sollten Sie kurzentschlossen durchstarten.

Unangenehmer ist der Start in eine Inversion: Sobald das Flugzeug die Inversionsgrenze durchfliegt, verwandelt sich der bisherige Gegenwind in Rückenwind, und die Geschwindigkeit gegenüber der Luft sinkt deutlich.

Bei sehr bodennaher Inversion und hohen Hindernissen im Abflugsektor ist ein Start mit voller Beladung und schwacher Motorisierung mit der Gefahr des Überziehens verbunden und daher generell zu vermeiden.

Bei freiem Abflugsektor ist es ausreichend, den Steigwinkel klein und die Geschwindigkeit im Bereich besten Steigens zu halten.

Um das Durchfliegen der turbulenten Inversionsgrenze abzukürzen, können Sie unterhalb der Inversionsschicht die Geschwindigkeit erhöhen, wobei Sie auf eine große Steigrate verzichten.

Sobald Sie in die turbulente Zone kommen, ziehen Sie die Fahrt weg und wandeln diese in Höhe um. So sind Sie nach wenigen Sekunden wieder in ruhiger Luft. In der oberhalb der Inversion gelagerten Luftmasse können Sie dann normal weitersteigen.

Eine Inversion in größerer Höhe zu durchsteigen ist vergleichsweise noch viel einfacher: Drehen Sie Ihren Kurs um 180° und fliegen nun mit Rückenwind unterhalb der Inversionsgrenze. Wenn Sie dann durch die Inversionsgrenze steigen, verwandelt sich der Rückenwind in Gegenwind, und Sie kommen wesentlich schneller durch die Zone der Turbulenz.

4 Motorbedienung

4.1 Anlassen

Immer wieder kann man beobachten, dass manche Piloten größere Probleme beim Anlassen ihrer Motoren haben.

Natürlich altern auch Flugmotoren, haben bisweilen schlechte Zündkerzen, nachlassende Kompression oder altersschwache Magnete. Doch in den meisten Fällen, in denen der Anlasser für 20 Sekunden und mehr betätigt wird, ist das schlechte Anspringen auf mangelhafte Bedienung zurückzuführen.

Die unterschiedliche Gemischaufbereitung beim Einspritz- und Vergasermotor verlangt auch unterschiedliche Bedienung beim Anlassen.

Zunächst der Vergasermotor:

Je kälter der Motor ist, umso reicher muss das Gemisch sein. Von älteren Automotoren kennt man vielleicht noch den „Choke", eine zweite Drosselklappe vor dem eigentlichen Vergaser mit einem kleineren Luftdurchlass. Dieser bewirkt, dass der Motor beim Kaltlauf weniger Luft bei gleicher Benzinmenge, also reicheres Gemisch bekommt.

Bei den üblichen Lycoming und Continental Flugmotoren gibt es diesen Choke nicht. Dafür aber meist eine kleine „Primer" genannte Pumpe, mit der Benzin in die Ansaugkanäle gespritzt wird bevor man den Motor startet. Je nach Temperatur wird dieser Primer bis zu 5mal betätigt und sorgt so für einen Kraftstoffüberschuss für die ersten paar Umdrehungen.

Schön wäre es, wenn dieser Kraftstoff als Nebel, oder sogar in gasförmigem Zustand in der im Ansaugkrümmer befindlichen Luft verteilt wäre. Nur ist dies leider gerade bei niedrigen Temperaturen sehr selten der Fall.

Doch man kann dem Motor noch ein klein wenig helfen:

Betätigt man den Gashebel rasch nach vorn, so wird nicht nur die Drosselklappe geöffnet, sondern mit der Beschleunigerpumpe eine geringe Menge Benzin in die Mitte des Vergaserkanals gespritzt. Dabei wird dieses Benzin sehr gut vernebelt und sorgt so für ein deutlich verbessertes Anlassverhalten des Motors.

Allerdings ist zu berücksichtigen, dass sich dieser Kraftstoffnebel sehr rasch an der Vergaserwand niederschlägt und nach wenigen Sekunden nahezu wirkungslos ist. Weiterhin trägt dieser Kraftstoffnebel nur dann zu einem besseren Anspringen bei, wenn er nicht mit zu viel Luft verdünnt wird.

Daher kann man folgende Anlassmethode empfehlen:

1. Gemischhebel auf „voll reich"
2. Vergaservorwärmung „kalt"
3. Einspritzen mit der Primerpumpe je nach Temperatur 0 bis 5mal
4. Hauptschalter „ein"
5. Propellerbereich „frei"
6. Magnete (beide) „ein"
7. Gashebel schnell einmal auf Vollgas, zurück auf Leerlauf
8. Gashebel 5 Millimeter nach vorn und
9. Anlasser betätigen.

Die Punkte 7 bis 9 sollten innerhalb von ein bis zwei Sekunden abgearbeitet sein.

Zu Punkt 8 ist zu sagen, dass die 5 Millimeter natürlich nur ein Anhaltswert sind. Spiel im Gaszug kann den notwendigen Wert deutlich vergrößern. Kennt man das Flugzeug, so merkt man sich, wie weit der Gashebel eingeschoben ist, wenn der Motor mit 1000 bis 1100 RPM läuft. Diesen Wert stellt man dann auch beim Anlassen ein, und der Motor wird nicht nur besser anspringen, sondern auch gleich von Anfang an mit der richtigen Drehzahl laufen.

Bei sehr heißem Motor ist weder Einspritzen mit der Primerpumpe noch mit der Beschleunigerpumpe notwendig. Punkt 3 und 7 entfallen damit.

Ist der Motor überdurchschnittlich kalt, kann ein zusätzliches Betätigen des Gashebels während des Anlassens helfen. Bei warmem Motor ist dies jedoch nur nachteilig.

Nun werden wieder ein paar „Experten" von dieser Methode abraten. Ihr Argument: Unter bestimmten Voraussetzungen könnte der Vergaser anfangen zu brennen.

Stimmt. Wenn die Batterie recht schwach ist und den Motor nur mit Mühe durchdreht, der Zündzeitpunkt zu weit vor dem oberen Totpunkt liegt, der Magnet das Gemisch zündet, der Motor aber nicht über den oberen Totpunkt durchdreht und dadurch rückwärts läuft und das verbrennende Kraftstoff-Luftgemisch das noch verbliebene Benzin im Vergaser entzündet, so kann dieses anfangen zu brennen.

Allerdings ist diese Benzinmenge so klein, dass sie keinen allzu großen Schaden anrichten kann. Das dürfte auch der Grund sein, dass es Flugzeuge gibt, zum Beispiel verschiedene Modelle der Piper PA 28, die keine Primerpumpe haben. Wenn man deren Motoren bei kaltem Wetter starten will, muss man laut Handbuch mittels des Gashebels ein paarmal Benzin mit der

Beschleunigerpumpe einspritzen. Wäre das so gefährlich, wie die „Experten" meinen, so müssten all diese Flugzeuge schon abgebrannt sein.

Kommen wir nun zum Einspritzmotor. Logischerweise gibt es bei diesem keinen Vergaser und damit weder eine Vergaservorwärmung noch eine Beschleunigerpumpe.

Der Anlassvorgang sieht in etwa so aus:

Mit der elektrischen Pumpe wird die Benzinleitung unter Druck gesetzt. Sobald man nun den Gemischhebel von der hinteren Stellung „abstellen" nach vorne auf „reich" stellt, läuft aus den Einspritzventilen kontinuierlich Benzin in die Ansaugkanäle vor die jeweiligen Einlassventile der Zylinder. Je weiter der Gashebel nach vorne geschoben ist, umso mehr Benzin läuft vor die Einlassventile.

Je nach Motortemperatur stoppt man die Benzinzufuhr mit dem Gemischhebel nach 2 bis 4 Sekunden.

Wird der Motor jetzt gestartet, und man hat zufällig genau die richtige Menge Benzin vor die Einlassventile laufen lassen, so wird er sofort anspringen. Sobald er dies tut, schiebt man den Gemischhebel wieder nach vorne, damit der Motor nicht nach ein paar Umdrehungen aus Benzinmangel wieder abstirbt.

Die richtige Menge Benzin abzustimmen ist naturgemäß sehr schwierig. Schließlich hängt sie von Gashebelstellung, Gemischhebelstellung, Zeit und Motortemperatur ab. Springt der Motor nicht auf Anhieb an, so müsste man nun erraten, ob das an zu viel oder zu wenig Benzin liegt.

Für diesen Fall macht man es sich einfach (und so steht es auch, wenn auch nicht in allen Einzelheiten begründet, in den Handbüchern):

Man überfettet den Motor generell, mit anderen Worten, man wählt immer eine zu große Benzinmenge. Dann zieht man den Gemischhebel auf „Abstellen" und betätigt den Anlasser. Dabei wird die eingespritzte Benzinmenge mit jeder Motorumdrehung kleiner, bis ein zündfähiges Gemisch erreicht ist und der Motor anspringt.

Dass das Gemisch während der ersten paar Umdrehungen immer noch überfettet ist, erkennt man an dem stotternden Motorlauf und dem schwarzen Qualm, der die Auspuffrohre verlässt. Aus diesem Grund kann man sich nach dem Anspringen des Motors ruhig zwei oder drei Sekunden Zeit lassen, bis man den Gemischregler auf „reich" stellt.

Sinnvoll ist natürlich auch, den Gashebel gleichzeitig auf eine Stellung etwa 3 bis 5 Millimeter über Leerlauf zurückzustellen, damit der kalte Motor nicht mit hoher Drehzahl läuft, sondern sich mit 1000 bis 1200 RPM begnügt.

Neuere Einspritzmotoren (wie in der Cirrus SR22 oder Corvalis) verlangen ein anderes Anlassverfahren. Darüber gibt das Handbuch Aufschluss.

4.2 Schwache Batterie

Wenn die Batterie nicht ihre volle Kapazität besitzt oder der Motor aufgrund niedriger Temperaturen sehr viel Leistung zum Durchdrehen erfordert, kann der Propeller während des Kompressionstaktes vor dem oberen Totpunkt stehen bleiben. Stellen Sie sofort den Zündschlüssel von „Start" zurück auf „Both". Begründung:

Startermotoren sind Reihenschluss-Elektromotoren.

Bei geringer Drehzahl ist die Gegeninduktionsspannung der Ankerwicklung sehr gering und sehr hoher Strom fließt durch Anker und Erregerwicklung (600 A und mehr).

Dreht sich der Anker, steigt die Gegeninduktionsspannung und der Strom sinkt dadurch auf moderate 80 bis 120 A.

Wenige Sekunden Stillstand bei der Stellung „Start" belasten demnach Batterie und Anlasser um ein Vielfaches des normalen Startvorganges. Beide können dadurch Schaden nehmen.

Weiterhin ist durch den sehr hohen Strom bei Stillstand die Restkapazität der Batterie kaum mehr ausreichend für einen weiteren Startvorgang.

Unterbrechen Sie aber den Startvorgang und lassen den Propeller ein paar Sekunden stehen, reicht die kurze Pause aus, den Kompressionsdruck abzubauen.

Starten Sie jetzt wieder, kann der Propeller einen vollen Takt Schwung holen, der ausreicht, um über den Kompressionstakt des nächsten Zylinders weiterzudrehen und den Motor wie gewohnt zu starten.

Ist die Batterie noch schwächer, hilft nur ein Fremdstart mit einer externen Batterie. Alternativ kann man den Motor auch von Hand anwerfen. Das Verfahren dazu ist zum Beispiel im Airplane Flying Handbook der FAA ausführlich beschrieben. Trotzdem möchte ich noch ein paar Bemerkungen anfügen:

Zur Vorbereitung führen Sie die Schritte 1 bis 8 des vorigen Kapitels durch.

Dann drehen Sie den Propeller (Zündung auf „AUS"!) eine volle Umdrehung durch, stellen die Zündung auf „EIN" und der Motor sollte bei der nächsten Propellerbewegung starten. Falls nicht, wiederholen Sie die ganze Prozedur.

4.3 Gemischeinstellung

Die richtige Einstellung des Gemisches wird in der Ausbildung meist etwas stiefmütterlich behandelt. In den Handbüchern wird allgemein für den Start eine „voll reiche" Gemischeinstellung empfohlen. Ab 3000 Fuß soll man im Steigflug und erst recht im Reiseflug „abmagern" und im Sinkflug wieder auf „voll reich" stellen. Damit erschöpft sich die Betriebsanleitung.

Bei den heutigen Benzinpreisen lohnt sich aber eine tiefergehende Betrachtung.

Die Motorenhersteller sind naturgemäß daran interessiert, dass ihre Motoren keinen Schaden nehmen, und mit der Befolgung dieser sehr rudimentären Betriebsanleitungen ist man auf der sicheren Seite. Zu magere Gemischeinstellung führt nämlich bei voller Motorleistung zu sehr heißen Verbrennungsgasen. Diese hohe Temperatur, verbunden mit dem vorhandenen überschüssigen Sauerstoff im Abgas, kann zu verbrannten Ventilen führen, wenn diese nicht ganz schließen. Außerdem schädigen Temperaturen über 1600° Fahrenheit die Auspuffanlage.

Das ist teuer.

Weiterhin kann bei noch nicht komplett beendetem Verbrennungstakt die Temperatur der Verbrennungsgase so hoch werden, dass sich der noch nicht verbrannte Teil des Kraftstoff-Luftgemisches spontan entzündet (Klingeln). Dies kann aufgrund der sehr hohen Druckstöße zu Schäden an Kolben, Pleuel und Kurbelwelle führen.

Das ist noch teurer.

Zu fette oder reiche Gemischeinstellung kann schlimmstenfalls zu Ablagerungen an den Zündkerzen führen, die nach längerem Rollen mit überfettetem Gemisch Zündaussetzer zur Folge haben. Diese führen zu deutlichem Drehzahlabfall bei der Magnetprüfung.

Solche Ablagerungen werden, allerdings meist nur bei hoher Motorleistung verbrannt. Sollten Sie also einmal bei der Magnetprüfung unruhigen Lauf und hohen Drehzahlabfall feststellen, können Sie die Zündkerzen „sauber brennen". Das geht so:

Sie stellen eine relativ hohe Motorleistung ein, etwa 2000 RPM oder 20" Ladedruck, und magern das Gemisch so weit ab, dass die Drehzahl um 50 bis 100 Umdrehungen abfällt. Nach 2 oder 3 Minuten Laufzeit ist der Drehzahlabfall bei der Magnetprüfung meist wieder normal. Sollte diese

Methode nicht funktionieren, hilft Ausbauen und Reinigen oder Ersetzen der Zündkerzen.

Das ist vergleichsweise billig.

Also wird im Zweifelsfall eher ein zu fettes Gemisch propagiert.

Die beste Leistung hat der Motor, wenn er mit einem leicht angereicherten Gemisch betrieben wird. Je mehr Leistung dem Motor abverlangt wird, umso größer ist auch die Abwärme, die durch die Kühlrippen und den Ölkühler an die Kühlluft abgegeben werden muss.

Führt man nun dem Motor reicheres Gemisch zu, wird der überschüssige Kraftstoff nicht verbrannt, sondern er verdunstet nur und entzieht damit den Verbrennungsgasen sowie dem Motor Wärme. Diese in Fachkreisen als „innere Kühlung" bezeichnete Gemischüberfettung ist verständlicherweise nur dann erforderlich, wenn dem Motor Spitzenleistung abverlangt wird. Diese kann der Motor aber nur unter optimalen Bedingungen erbringen: Hoher Luftdruck, Meereshöhe, niedrige Temperatur und niedrige Luftfeuchte.

Bei geringerer Leistung ist naturgemäß die Abgastemperatur niedriger und damit die innere Kühlung und der Kraftstoff wird nicht nur verschwendet, sondern im Gegenteil: Durch eine zu reiche Einstellung wird der thermische Wirkungsgrad verschlechtert, und der Motor wirft nicht nur das Benzin mit vollen Händen zum Auspuff hinaus, sondern hat auch noch schlechtere Leistung.

Wenn Sie also nicht gerade an einem Wintertag in Alaska fliegen, kann eine etwas ärmere Gemischeinstellung völlig ausreichen.

Ersparen Sie sich daher unzureichende Motorleistung, überhöhte Kraftstoffkosten und verschmutzte Zündkerzen, und benutzen Sie den Gemischregler.

Sie sollten speziell bei niedriger Motorleistung wie beispielsweise beim Rollen das Gemisch möglichst stark abmagern.

Lassen Sie den Motor nach dem Anlassen mit 1200 RPM laufen und ziehen den Gemischregler in Richtung „arm", bis die Drehzahl leicht ansteigt, bevor sie deutlich abfällt. Reichern Sie nun wieder auf die maximale Drehzahl an und benutzen Sie diese Einstellung zum Rollen.

Vor der Leistungsprüfung des Motors reichern Sie das Gemisch weiter an auf maximale Leistung (oder aus Temperaturgründen reicher).

Der Kraftstoffverbrauch ist im Handbuch bis zu einer Leistung von 80% der Maximalleistung angegeben. Benutzen Sie diese Werte.

Falls Ihr Flugzeug mit den entsprechenden Anzeigen ausgerüstet ist, reichern Sie bei einer Dichtehöhe von weniger als 8000 das Gemisch nur so weit an, dass die Abgastemperatur (EGT) möglichst unter 1350°F und Zylinderkopftemperatur unter (CHT) 380°F liegt. Das schont Zylinder, Kolben und Geldbeutel.

Im Reise- oder Sinkflug werden solche Werte kaum erreicht und sie können das Gemisch abmagern bis zu einem Wert, bei dem der Motor noch gerade gleichmäßig läuft. Lycoming-Zylinder ertragen klaglos Dauertemperaturen bis 400°F. Die Abgastememperatur sollte aber mit Rücksicht auf den Schalldämpfer 1500°F nicht überschreiten.

Gehen Sie vom Reise- in den Sinkflug, so stellen Sie nicht auf „voll reich", sondern reichern Sie das Gemisch nur an, indem Sie den Gemischregler etwa einen Zentimeter weiter vorschieben. Auf diese Weise nutzen Sie den Kraftstoff besser und erreichen akzeptable Verbrauchswerte.

In manchen Handbüchern wird eine Einstellung „lean of peak" für wirtschaftlichsten Kraftstoffverbrauch empfohlen. „Lean of peak" bedeutet, dass man das Gemisch über die maximale Abgastemperatur nicht anreichert, sondern weiter abmagert, bis die Temperatur unter einen bestimmten Wert abgesunken ist.

Voraussetzung für diese Betriebsart ist allerdings, dass alle Zylinder des Motors die nahezu gleiche Zusammensetzung des Kraftstoff-Luftgemisches beziehen. Das ist bei Vergasermotoren nur selten der Fall. Einspritzmotoren liefern da bessere Voraussetzungen.

Sehen Sie im Handbuch Ihres Flugzeuges nach und folgen Sie den Anweisungen des Herstellers.

4.4 Dichtehöhe

Aus den Leistungstabellen der Flugzeughandbücher geht hervor, dass die Dichtehöhe großen Einfluss auf die Leistung der Flugzeuge hat. In allen einschlägigen Fachbüchern wird die Dichtehöhe so ausführlich erklärt, dass es überflüssig erscheint, sich auch hier noch einmal mit diesem Thema zu befassen. Deshalb kann der negative Einfluss von niedrigem Luftdruck, Flughöhe, Höhe des Flugplatzes, Temperatur und Luftfeuchte auf die Leistungsdaten der Flugzeuge als prinzipiell bekannt vorausgesetzt werden. (Avoid hot, high and humid!)

In den Leistungsdaten einiger Flugzeughandbücher wird darauf hingewiesen, dass das Gemisch „oberhalb 3000 Fuß auf maximale Drehzahl abgemagert" werden sollte. Gemeint ist hier aber nicht die Höhe des Platzes über dem Meeresspiegel, sondern die Dichtehöhe!

Und selbst wenn man die Dichtehöhe aus Druckhöhe und Temperatur berechnet, wird nie quantitativ berücksichtigt, wie sich hohe Luftfeuchte auf die Dichtehöhe auswirkt. Darum hier ein paar Daten:

Ist die Luft mit Wasserdampf gesättigt, beträgt der anteilige Druck (Partialdruck) des Wasserdampfes bei einer Temperatur von

20°C - 23,40 hPa,
30°C - 42,50 hPa und
40°C - 73,75 hPa.

Bei einem atmosphärischen Luftdruck von rund 1013 hPa und 30°C verdrängt der Wasserdampf bei 100% Luftfeuchte also mehr als 4% der Luft. Damit vermindert sich auch der Sauerstoffanteil um 4%, bei 40°C sogar um 7%.

Dem Motor steht also nur so viel Sauerstoff zur Verfügung, wie bei trockener Luft in einer um 1275 bzw. 2215 Fuß größeren Höhe anzutreffen wäre, und die Leistung ist entsprechend geringer.

Nehmen wir als realistisches Beispiel meinen Heimatflugplatz Jesenwang, im Voralpenland mit 400 Metern Bahnlänge und 1860 Fuß Platzhöhe.

An einem Sommertag mit einer Lufttemperatur von 32°C und normalem Luftdruck von 1013 hPa beträgt die Dichtehöhe ohne Berücksichtigung der Luftfeuchte bereits runde 4200 Fuß!

Liegt der Taupunkt bei 24°C, herrscht eine relative Feuchte von 75%. Damit entspricht der Sauerstoffgehalt der Luft einer Höhe von 5200 Fuß!

Unter diesen Bedingungen bleiben weniger als 85% der maximalen Motorleistung übrig.

Ist es über der dunklen und von der Sonne aufgeheizten Startbahn noch 10 °C wärmer, verringert sich die Motorleistung auf runde 80%. Im Vergleich zu Normbedingungen in Meereshöhe sinken in diesem Fall die Start- und Steigleistungen um ein Drittel!

Die folgende Tabelle zeigt einige Werte der für den Motor relevanten Dichtehöhe für trockene Luft in Abhängigkeit von der Temperatur:

Druckhöhe	Meereshöhe		2000 Fuß		4000 Fuß	
Temperatur	20°C	30°C	20°C	30°C	20°C	30°C
Dichtehöhe	569	1706	3025	4143	5472	6571

Ist die Luft mit Feuchtigkeit gesättigt (100% rel. Feuchte), steigt die Dichtehöhe wesentlich:

Druckhöhe	Meereshöhe		2000 Fuß		4000 Fuß	
Temperatur	20°C	30°C	20°C	30°C	20°C	30°C
Dichtehöhe	1271	2981	3727	5418	6174	7846

Man kann es fast nicht glauben: Bei hoher Luftfeuchte und Temperatur steht dem Motor bereits in Meereshöhe nur so viel Sauerstoff zur Verfügung wie bei Standardtemperatur und trockener Luft in 3000 Fuß!

Bei dieser Höhe empfehlen beispielsweise die Handbücher für die Cessna 152 und 172 bereits Abmagern des Gemisches für den Start!

Andere Handbücher empfehlen generell Abmagern des Gemisches für beste Steigleistung (schauen Sie doch einmal in die Sektion „Performance" in die Tabelle „Rate of Climb" Ihres Flugzeuges).

Nun bekommt man ja selten die relative Feuchte genannt, sondern lediglich Temperatur und Taupunkt. Hier kommt uns ein Zufall zu Hilfe:

Der Zusammenhang zwischen der Temperatur einer Luftmasse und der Menge des darin maximal als Dampf enthaltenen Wassers ist nämlich zwischen 10 und 30°C, also in dem für uns interessantesten Bereich, nahezu linear, wie die folgende Tabelle zeigt:

Temperatur (°C)	40	30	20	10	0	-10
Wasserdampf (g)	51	30,5	17,3	9,4	4,7	2,3

Der Einfachheit modifizieren wir diese Tabelle wie folgt:

Temperatur (°C)	40	30	20	10	0
Wasserdampf (g)	40	30	20	10	0

Damit wird die Berechnung der relativen Feuchte, also dem Verhältnis von tatsächlicher zu maximalmöglicher Wassermenge in der Luft ein Kinderspiel.

Man braucht nur den Taupunkt durch die Temperatur zu teilen und hat die relative Feuchte.

Liegt die Temperatur bei 30°, der Taupunkt bei 20°C, so enthält die Luft zwei Drittel der Menge Wasser als sie bei ihrer Temperatur maximal enthalten könnte, also 66%.

Liegt der Taupunkt bei 15°C, so beträgt die relative Feuchte 50%.

Anhand dieser Daten können Sie stets abschätzen, ob und in welchem Maße die herrschenden Luftverhältnisse ein Abmagern des Gemisches für Ihren Start erfordern.

4.5. Öl

Oft werden Fragen gestellt, wie

- Welches Öl soll ich verwenden,
- wieviel Öl darf mein Motor verbrauchen,
- wie hoch ist der minimale Ölstand.

Zunächst ein paar Fakten:

Das in unseren Flugmotoren verwendete Öl ist eine aus Erdöl hergestellte Mischung langer Kohlenwasserstoff-Moleküle. Es altert und muss darum hin und wieder gewechselt werden.

Mehrere Faktoren beeinflussen diese Alterung.

- Zeit
- Temperatur: Je höher die Temperatur umso größer die Oxydation (Verbrennung)
- Umlaufzahl: Je öfter das Öl mechanisch belastet wird, umso mehr Moleküle „zerbrechen" und verlieren damit ihre Schmierfähigkeit.

Die Werkstätten raten immer zu Mehrbereichsölen, beispielsweise W15-W50. Das ist logisch, daran verdienen sie am meisten. Die Frage ist allerdings, ob sich das lohnt.

Jedes Öl hat ein stark temperaturabhängiges Fließverhalten (Viskosität). Bei tiefer Temperatur ist es dickflüssig wie Honig, bei hohen Temperaturen wird es dünnflüssig wie Wasser. So ist es nicht verwunderlich, dass das Öl bei niedrigen Temperaturen nur mühsam an die Schmierstellen befördert wird. Daher bevorzugt man im Winter Öl mit einer niedrigen Viskosität, also „Winteröl" wie W80. Das sorgt beim Anlassen für schnellere und bessere Schmierung.

Im Sommer ist dagegen ein Öl hoher Viskosität („Sommeröl" wie W100) besser geeignet, da der Öldruck auch bei höheren Temperaturen erhalten bleibt und ausreichende Schmierung garantiert ist.

Ideal ist ein Öl, dass sich bei niedrigen Temperaturen verhält wie W80, bei hohen Temperaturen aber wie ein Öl einer höhere Viskositätsklasse. Das ist dann ein sogenanntes Mehrbereichsöl.

Basis eines Mehrbereichsöles ist stets ein dünnflüssiges Öl. Diesem werden Zusatzstoffe (Additive) beigemengt, die bei höheren Temperaturen aufquellen. Diese verhindern, dass das Öl bei hohen Temperaturen zu dünnflüssig wird.

Leider sind diese Additive mechanisch nicht sehr stabil („scherempfindlich"). Bleibt ein solches Öl längere Zeit in Betrieb, wird es mehr oder weniger zum Einbereichsöl, das als Basis diente.

Mehrbereichsöl lohnt sich aus diesen Gründen eher für ein Flugzeug, das relativ wenig geflogen wird (unter 50 Stunden im Jahr). Wird das Flugzeug häufiger bewegt, ist Einbereichsöl die bessere Wahl: W80 im Sommer und W100 im Winter.

Nun zum Ölverbrauch. Motoren, die kein Öl verbrauchen, gibt es nicht. Wenn der Ölstand konstant bleibt, liegt es oft lediglich daran, dass sich Kraftstoffrückstände und Kondenswasser im Öl ansammeln, und diese verbessern keineswegs die Schmierfähigkeit.

Der Ölverbrauch hat mehrere Ursachen:

- Bei jeder Umdrehung des Motors verbrennt eine kleine Menge Öl, das die Reibung des Kolbens an der Zylinderwand verringert.
- Bei jeder Umdrehung des Motors gelangt auch eine gewisse Menge der Verbrennungsgase am Kolben vorbei in das Kurbelgehäuse. Damit dieses nicht platzt, werden diese Gase durch die Kurbelgehäuseentlüftung ins Freie geblasen. Diese nehmen stets eine Menge des Ölnebels mit, das sich im Kurbelgehäuse durch die bewegten Teile wie Kurbelwelle, Pleuel und Kolben bildet.
- Und letztendlich sind Dichtungen und Simmerringe nicht immer dicht und „schwitzen". Das ist zwar nicht sicherheitsrelevant, allerdings recht unschön.

Der Ölverbrauch sagt allerdings kaum etwas über die Güte oder Zuverlässigkeit eines Motors aus. Sind Kompressionswerte und Kraftstoffverbrauch im normalen Rahmen und die Motorleistung entspricht den Herstellerangaben, zwingt selbst ein Ölverlust von einem halben Liter je Betriebsstunde nicht unbedingt zu einer kostspieligen Motorüberholung.

Der letzte Punkt zu diesem Thema ist die zu empfehlende Ölmenge.

Bei der Zulassung eines Motors verlangt die Luftfahrtbehörde, dass auch mit der Hälfte der maximalen Ölmenge die Schmierung der Motoren unter allen normalen Betriebszuständen gewährleistet ist. Hat also ein Motor eine Ölmenge von maximal 8 Litern, so beträgt die Mindestmenge 4 Liter.

Doch ist keinesfalls sinnvoll, den Ölstand nahe der Höchstmarke zu halten: Je höher das Ölniveau, umso mehr Öl wird in der Ölwanne herumgewirbelt und durch die Kurbelgehäuseentlüftung nach außen befördert. Damit steigen auch die Ölverluste.

Zwei Drittel der maximalen Menge sind daher mehr als ausreichend.

4.6 Vergaservereisung

Auch die Gefahr einer Vergaservereisung hängt mit der Feuchtigkeit in der Luft zusammen.

Das Venturirohr im Vergaser kann vereisen, wenn feuchte Luft durch den Druckabfall im Venturirohr in Verbindung mit der Verdunstungswärme des angesaugten Benzins unter den Gefrierpunkt abgekühlt wird. Diese Abkühlung kann im Bereich von 30°C liegen, insbesondere dann, wenn der Motor im Teillastbereich betrieben wird, also beispielsweise im Sinkflug.

Aber auch bei Vollgas kann der Vergaser vereisen. Im Sommer 2003 versagte in Nebraska der Motor einer Cessna 150 kurz nach dem Start, Ursache: Vergaservereisung, trotz Vollgas. Die Temperatur betrug 0°C, der Taupunkt lag bei –2°C. Es kam zu einem Absturz mit fatalen Folgen.

Die Voraussetzungen für Vergaservereisung veranschaulicht das folgende Diagramm.

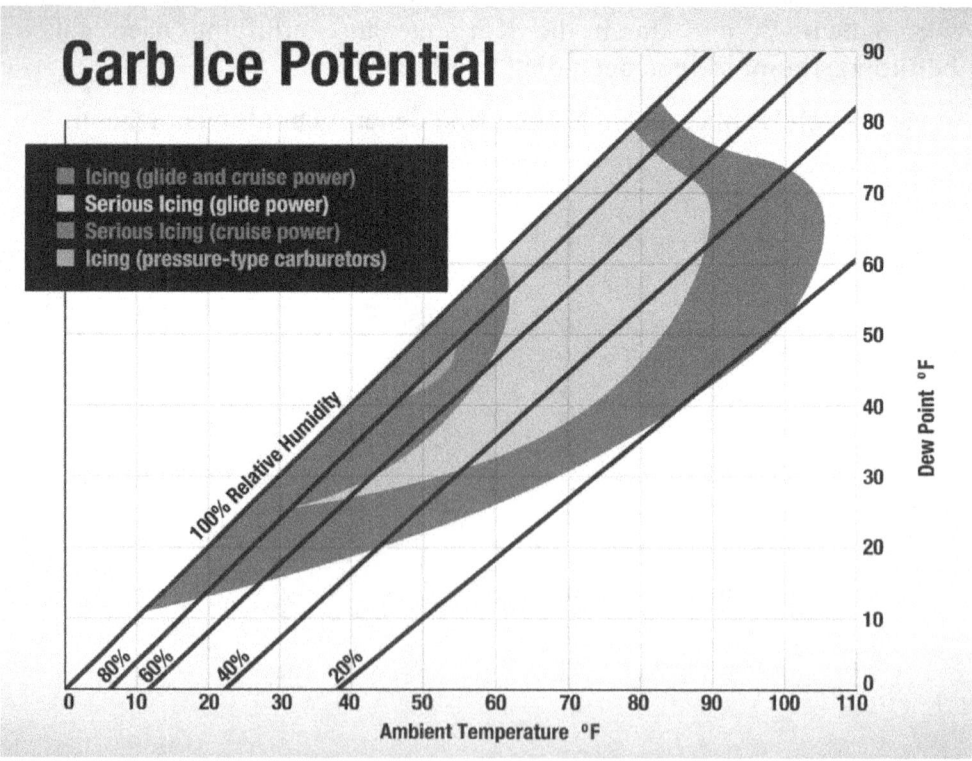

Die einfachste Methode einer Vergaservereisung vorzubeugen ist das Anwärmen der Luft, die in den Vergaser gelangt. Dies wird bewerkstelligt, indem die Luft über die Auspuffanlage geführt wird.

Warme Luft enthält jedoch weniger Sauerstoff je Volumeneinheit, und somit sinkt die maximale Leistung des Motors bei eingeschalteter Vergaservorwärmung deutlich. Da zudem die gleiche Menge Kraftstoff der nun dünneren Luft zugeführt wird, wird das Gemisch überfettet, was zu einem weiteren Leistungsabfall führt. Überfettetes Gemisch erhöht aber bekanntlich die Gefahr verschmutzter Zündkerzen.

Übertrieben gesagt, hat man also die Wahl zwischen verschmutzten Kerzen und Vergaservereisung.

Wie aber aus dem obigen Diagramm hervorgeht, ist es weder bei sehr trockener noch sehr warmer oder sehr kalter Luft notwendig, die Vergaserluft vorzuheizen.

Damit Sie aber nicht im Ernstfalle die Vergaserheizung vergessen, machen Sie sich Folgendes zur zweiten Natur: Wenn die Checkliste den Punkt „Vergaservorwärmung" verlangt, greifen Sie immer zum Knopf für die Vergaserheizung, fragen sich aber bewusst, ob Vergaservereisung unter den gegebenen Bedingungen möglich erscheint. Ist also die Luft sehr trocken und sehr kalt (oder sehr warm), können Sie auf die Betätigung verzichten - aber nur dann!

Begünstigen andererseits Bedingungen eine Vergaservereisung, so kann es selbst beim Start lebensnotwendig sein, trotz Vollgas die Vergaserluft vorzuheizen. Sie sollten einmal in die NTSB Accident Database der amerikanischen Air Safety Foundation schauen. Fast in jedem Jahr fallen einmotorige Flugzeuge kurz nach dem Abheben wegen Vergaservereisung aus der Luft.

Solche Bedingungen sind in unseren Breiten sehr selten anzutreffen. Aber nicht ohne Grund wird beispielsweise in englischen Flugschulen gelehrt, während des Reisefluges alle 10 Minuten die Vergaservorwärmung für 10 bis 20 Sekunden zu betätigen.

Und noch ein Hinweis: Bei Betrieb des Motors mit Vergaservorwärmung wird ungefilterte Luft angesaugt. So kann in staubiger Umgebung oder auf unbefestigten Bahnen Schmutz in den Motor gelangen. Daher sollten Sie die Funktionskontrolle der Vergaservorwärmung vor dem Start vorzugsweise auf befestigten Flächen durchführen.

4.7 Ladedruck

Der deutsche Ausdruck „Ladedruck" vermittelt unwillkürlich den Eindruck, dass der Motor aufgeladen würde. Das stimmt aber nicht immer, denn die meisten Motoren sind Saugmotoren und werden **nicht** aufgeladen. Der englische Ausdruck „Manifold Pressure" ist da besser, denn er bezeichnet den augenblicklich herrschenden Druck (pressure) im Ansaugkrümmer (intake manifold).

Wenn der Motor steht, herrscht im Ansaugkrümmer der atmosphärische Luftdruck.

Wird der Motor in Betrieb gesetzt, so saugt der Kolben während des Ansaugtaktes Luft aus dem Ansaugkrümmer in den Verbrennungsraum. Diese Luft muss erst den Luftfilter und dann die mehr oder weniger geschlossene Drosselklappe passieren. Beides zusammen stellt einen recht großen Luftwiderstand dar.

Dieser Luftwiderstand ist umso größer, je weiter die Drosselklappe geschlossen ist. Im Leerlauf, also bei nahezu geschlossener Drosselklappe, kommt deutlich weniger Luft nach, als der Motor aus dem Ansaugkrümmer entnehmen möchte und das verringert dort den Druck am stärksten.

Je weiter nun die Drosselklappe geöffnet wird, umso weniger Widerstand wirkt dem Luftstrom entgegen, und umso mehr nähert sich der Druck im Ansaugkrümmer dem atmosphärischen Luftdruck an. Bei Vollgas, also bei voll geöffneter Drosselklappe, ist dieser damit am größten.

Dieser Luft wird vom Vergaser oder der Einspritzanlage die entsprechende Menge Kraftstoff zugemischt, der während des Arbeitstaktes verbrannt wird. Somit ist einleuchtend, dass die Leistung des Motors bei großem Ladedruck im Ansaugkrümmer groß und bei kleinem Druck im Ansaugkrümmer klein ist.

Die Leistung des Motors wird erzeugt, indem das Gemisch aus Luft und Kraftstoff während des Arbeitstaktes verbrennt. Diese Verbrennung erfolgt nicht explosionsartig. Sie benötigt eine gewisse Zeit, in der die Flammenfront, ausgehend von den Zündkerzen, das Gemisch durchläuft.

Während dieser Verbrennung erhitzt sich das restliche noch nicht verbrannte Gemisch nicht nur durch die Verbrennungswärme, sondern auch durch den ansteigenden Druck im Zylinder, der umso größer wird, je weiter die Verbrennung fortschreitet.

Im gleichen Zeitraum, in der nun das Gemisch verbrennt, bewegt sich der Kolben in Richtung Kurbelwelle und weicht damit dem Druck aus. Der für die verbrennenden Gase verfügbare Raum wird dadurch größer.

Je schneller der Kolben dem Druck ausweicht (hohe Drehzahl), umso geringer wird damit der maximal erreichbare Druck im Verbrennungsraum.

Da geringerer Druck auch geringere Temperatur bedeutet, hält sich auch bei hohen Drehzahlen die maximal erreichbare Temperatur der Verbrennungsgase in Grenzen.

Stellt man aber eine sehr kleine Drehzahl bei hohem Ladedruck ein, so kann der Druckanstieg so hoch werden, dass sich das restliche, noch nicht verbrannte Gasgemisch spontan und explosionsartig entzündet. (Siehe auch Kapitel „Gemischeinstellung".) Daher sollten Sie die Kombination kleine Drehzahl (langsamer Kolben) und große Füllung (Vollgas) vermeiden.

Als Faustregel hört man oft von einer „höchstens quadratischen" Einstellung. Damit ist eine Einstellung gleicher Zahlenwerte von Ladedruck (in Zoll Quecksilbersäule) und Drehzahl (mal 100) gemeint, beispielsweise höchstens 25 Zoll Ladedruck bei mindestens 2500 RPM.

Diese Regel ist sicher nicht ganz falsch; man liegt auf der sicheren Seite.

Die Motorleistung ergibt sich bekanntlich aus Drehzahl multipliziert mit dem Drehmoment.

Das Drehmoment entspricht in erster Näherung dem Ladedruck. So leistet in erster Näherung ein Motor mit einer Einstellung vom 23 Zoll Ladedruck bei 2000 RPM etwa genau so viel, wie bei der Einstellung 20 Zoll Ladedruck und 2300 RPM.

Allerdings verbraucht der Motor bei hoher Drehzahl und niedrigem Ladedruck mehr Kraftstoff als umgekehrt, denn die Reibungsverluste im Motor steigen mit der Drehzahl.

Wenn man sich nun die Leistungstabellen der Handbücher anschaut, wird man auch Einstellungen für den unteren Leistungsbereich finden, die einen bisweilen deutlich höheren Ladedruck als die Motordrehzahl erlauben. So ist zum Beispiel für den Lycoming IO-540 in der Piper PA-32-300 bei 2100 RPM ein Ladedruck bis zu 25,6 Zoll zulässig!

Power Setting Table - Lycoming Model IO-540-K, -L, -M Series, 300 HP Engine

Press. Alt Feet	Std.Alt Temp °F	165 HP - 55% Rated RPM AND MAN.PRESS.				195 HP - 65% Rated RPM AND MAN.PRESS.				225 HP - 75% Rated RPM And Man. Press.		
		2100	2200	2300	2400	2100	2200	2300	2400	2200	2300	2400
SL	59	22,5	21,8	21,2	20,7	25,6	24,7	23,8	23,2	27,6	26,6	25,8
1000	55	22,3	21,6	21,0	20,5	25,3	24,4	23,5	22,9	27,3	26,3	25,5
2000	52	22,1	21,4	20,7	20,2	25,1	24,2	23,3	22,7	27,1	26,1	25,2
3000	48	21,9	21,2	20,5	20,0	24,8	23,9	23,3	22,5	26,8	25,8	24,9
4000	45	21,7	21,0	21,3	19,8	24,6	23,7	23,0	22,2	26,5	25,6	24,6
5000	41	21,5	20,8	20,1	19,6	24,3	23,5	22,8	22,0	-	25,3	24,4
6000	38	21,3	20,6	19,8	19,3	24,0	23,2	22,5	21,7	-	25,0	24,1
7000	34	21,0	20,4	19,6	19,1	23,7	22,9	22,3	21,5			23,8
8000	31	20,8	20,2	19,4	18,9	-	22,5	22,0	22,3			
9000	27	20,6	20,0	19,2	18,6	-	-	21,8	21,0			
10000	23	20,4	19,8	19,0	18,4	-	-	21,5	20,7			
11000	19	20,2	19,6	18,7	18,2	-	-	-	20,4			
12000	16	20,0	19,4	18,5	18,0							
13000	12	-	19,2	18,3	17,7							
14000	9	-	-	18,0	17,3							
15000	5	-	-	-	16,9							

Man kann sich getrost an solche Empfehlungen halten.

Gerade Einstellungen mit niedriger Drehzahl und hohem Ladedruck eignen sich für den Reiseflug, wenn man lange Strecke zurücklegen will.

Der Motor verbraucht weniger Kraftstoff und des Weiteren sinkt der Geräuschpegel des Motors, und damit steigt der Komfort.

5 Tipps für den Reiseflug

Bisher haben wir uns viel mit der Theorie des Fliegens und der Handhabung des Flugzeuges beschäftigt. Ich hoffe, es hat Ihnen auch ein wenig Spaß gemacht, Ihr Flugzeug näher kennen und beherrschen zu lernen.

Die folgenden Kapitel handeln von dem, was dem Fliegen den eigentlichen Sinn gibt:

Die Nutzung des Flugzeuges als ein bequemes und effizientes Transportmittel.

Genauso, wie manche mit dem eigenen PKW zur Arbeit fahren statt mit dem Bus oder auch für Urlaubsreisen das Privatauto anstelle des Linienflugzeuges benutzen, so hat auch das Privatflugzeug einen gleichermaßen berechtigten Platz:

Man ist von jeglichem Fahr- oder Flugplan unabhängig. Dazu hat man den Vorteil, das Fliegen zu genießen.

Abgesehen vom Blick auf die Landschaft, der nicht durch Lärmschutzwände eingeengt wird, ist auch die Tätigkeit des Pilotierens ungleich interessanter, als auf der Autobahn den Blick auf den Vordermann gerichtet zu halten oder im Stau zu stehen.

Wie eine Fahrt mit dem Privatauto, verlangt auch jeder Flug eine der Länge und dem Zweck der Reise entsprechende Vorbereitung. Kein Mensch wird bei seiner täglichen Fahrt zur Arbeit oder zum Einkaufen einen Stadtplan zu Rate ziehen.

Fährt man aber mit der Familie in Urlaub, wird die Reise ausgiebig geplant.

Ähnlich verhält es sich mit dem privaten Flugzeug. Dabei ist von nicht unerheblicher Bedeutung, wie erfahren Sie als Pilot sind, ob sie die Strecke bereits kennen, wie Ihr Flugzeug ausgerüstet ist und viele Dinge mehr.

Die nachfolgenden Kapitel sollen das in der Flugausbildung Erlernte nicht ersetzen, sondern Ihnen Möglichkeiten aufzeigen, wie Sie Ihre Arbeit im Cockpit verringern und effizienter gestalten können.

5.1 Reiseflughöhe

In welcher Höhe man fliegen will, wird meistens nicht überlegt. Häufig hat man als Sichtflieger auch keine große Auswahl, weil man durch Bewölkung in seinem Himmelsdrang deutlich eingeschränkt wird.

Trotzdem ist es sinnvoll, wenn Sie sich ein paar Gedanken darüber machen, welche Einflussgrößen Sie variieren können, wenn Sie einen größeren Streckenflug planen.

Wichtig sind natürlich die Daten der 1:500 000-Karte. Aus dieser ergeben sich die Maximal- und Minimalflughöhen und sonstige Beschränkungen.

Die nächste Einschränkung stellt im Allgemeinen das Wetter dar. Neben den allgemeinen Bedingungen bezüglich Bewölkung, Turbulenz und Niederschlägen ist in erster Linie interessant, in welchen Höhen welche Windrichtungen und Geschwindigkeiten herrschen. Da sind bei Inversionslagen leicht mal 30 Knoten Differenz in wenigen 100 Fuß Höhenunterschied möglich.

Dann schauen Sie im Handbuch nach, in welcher Höhe Ihr Flugzeug beste Reisegeschwindigkeit oder günstigsten Kraftstoffverbrauch bietet.

Im Allgemeinen steigt die Geschwindigkeit mit zunehmender Höhe bei gleichem Kraftstoffverbrauch. Allerdings sinkt bekanntlich die Leistung nichtaufgeladener Motoren mit zunehmender Höhe deutlich. Weiterhin ist in den meisten Flugzeugen keine Sauerstoffanlage vorhanden, dadurch verbieten sich größere Höhen von selbst.

Wollen Sie aber die Landschaft genießen, sind möglichst niedrige Höhen angesagt. In Deutschland gelten 1000 Fuß als Minimum für Überlandflüge.

Welchem Kriterium Sie den Vorzug geben (kurze Flugzeit, geringstmöglicher Kraftstoffverbrauch oder Sicht auf die Landschaft), bleibt Ihnen überlassen.

Sie sollten aber bewusst überlegen und entscheiden - und nicht dem Zufall überlassen, wie hoch Sie fliegen.

5.2 Navigation und Karten

Dieses Kapitel ist in erster Linie für jede geschrieben, die noch keine Lizenz haben und sich für die Prüfung vorbereiten.

Heutzutage sind elektronische Hilfsmittel wie GPS-Empfänger billig und komfortabel, sodass kaum noch jemand ohne sie unterwegs ist.

Doch jedes Gerät, das ausfallen kann, wird auch einmal ausfallen, so sagt es bereits das Gesetz von Murphy.

Sie sollten deshalb auch immer eine Papierkarte im Flugzeug haben. Die darf ruhig ein paar Jahre alt sein, sie ist noch immer viel besser als keine. Erfahrungsgemäß befinden sich Flüsse, Gebirgszüge und Städte auch nach Jahren an der gleichen Stelle.

Gerade in der Ausbildung wird daher auch viel Wert auf die Koppelnavigation gelegt: Der Kurs wird in die Karte gezeichnet, Flug- und Wetterberatung eingeholt, mit Windwinkel, Variation und Deviation der Kurs, die voraussichtliche Flugzeit und der Kraftstoffverbrauch berechnet, Gewicht und Schwerpunkt bestimmt. Wenn das alles ordentlich zu Papier gebracht ist, wird alles im Cockpit verstaut und gestartet.

Während des Fluges wird dann an jedem Checkpunkt die tatsächliche Geschwindigkeit über Grund, die verbleibende Strecke und die voraussichtliche Ankunftszeit berechnet.

Solche Büroarbeit im Cockpit stellt eine nicht geringe Arbeitsbelastung dar und kann eigentlich nur unter optimalen Bedingungen ausgeführt werden.

Oft stimmt aber weder der vorhergesagte Wind noch lassen die Wetterbedingungen einen Sichtflug in der geplanten Höhe zu. In solchen Fällen stellt man nach sehr kurzer Zeit fest, dass man die ganze Vorbereitung über den Haufen werfen kann und alles neu berechnen muss. Diesmal nicht bequem am Schreibtisch, sondern unter erschwerten Bedingungen im Cockpit, wenn es dazu noch turbulent ist und man mit der Führung des Flugzeuges alle Hände voll zu tun hat.

Erst recht fragwürdig wird diese Art der Vorbereitung, wenn man aus Wettergründen gezwungen ist, einen anderen Weg zum Ziel einzuschlagen. Spätestens dann muss man „aus dem Hut" navigieren. Diese Art der Navigation erfordert ganz andere Kenntnisse, als sie in der normalen Flugausbildung gelehrt werden. Hier dazu ein paar Ratschläge:

Das erste, was Sie interessieren dürfte ist eine Abschätzung, wie lange Sie etwa für die Strecke brauchen. Dazu legen Sie die Karte auf den Tisch und schätzen die Strecke. Dazu benötigen Sie keinerlei Hilfsmittel:

Eine Handspanne auf der 1 : 500 000er Karte entspricht je nach Flugzeugtyp etwa einer halben Stunde Flugzeit. (Sie können das leicht anhand des auf den Kartenrand gedruckten Maßstabes prüfen und einmal Ihre Handspanne „eichen".)

Für die Abschätzung kürzerer Entfernungen legen Sie die flache Hand mit der Innenseite nach oben auf die Karte und messen in „Fingerdicken". Eine Fingerdicke entspricht ungefähr 5 nautischen Meilen, 4 Finger also 20 Meilen. Bei 100 Knoten entspricht eine Fingerdicke etwa 3 Minuten Flugzeit.

Als nächstes ermitteln Sie den Kurs. Laut Flugausbildung misst man den Kartenkurs und zieht die Variation ab oder zählt sie dazu. Meist macht man dabei den ersten Fehler. Meine Methode ist da einfacher und dazu auch narrensicher:

Sie legen ein Lineal oder ein Stück Papier an die augenblickliche Position und der Zielflugplatz an.

Auf den Karten sind die Kompassrosen der VORs auf magnetisch Nord ausgerichtet. Sie brauchen also nur das Lineal senkrecht zu der Richtung der Flugstrecke zu dem nächsten VOR zu verschieben und können dort den missweisenden Kurs ablesen. So sparen Sie nicht nur Arbeit, sondern beseitigen auch eine Fehlerquelle.

Solch eine Kursermittlung können Sie auch während des Fluges machen, wenn Sie einer Gewitterwolke ausweichen oder einen Ausweichflugplatz ansteuern müssen.

Den Wind mit in die Kursberechnung einzubeziehen mag ganz unterhaltsam sein, sinnvoll ist das jedoch selten. In den Höhen, in den man sich als VFR-Pilot aufhält, ist der Wind nie gleichmäßig und kann daher auch nicht über ein größeres Gebiet bestimmt, viel weniger noch zuverlässig vorausgesagt werden.

Sobald das Flugzeug auf den eben ermittelten Kurs ausgerichtet ist, suchen Sie sich einen markanten vorausliegenden Punkt und fliegen auf ihn zu.

Dabei überprüfen Sie, ob sich ein Punkt auf der halben Strecke zum anvisierten Ziel seitlich verschiebt. Ist das der Fall, ändern Sie Ihren Kurs so, dass die beiden Punkte hintereinander liegen bleiben.

Sobald Sie dem jeweiligen Punkt nahe genug gekommen bin, überprüfen Sie wieder den Kurs und visieren das nächste Ziel an. So „hangeln" Sie sich von einem Punkt zum nächsten - bis hin zum Zielflugplatz.

Noch ein Wort zu Kurskorrekturen: Diese bewegen sich meist im Bereich von 5 oder 10 Grad.

Um solch kleine Kurskorrekturen durchzuführen, sind keine großen Schräglagen erforderlich. Es sei hier auch noch einmal an das „positive Rollmoment" erinnert.

Ein paar Sekunden lang leicht auf ein Pedal getreten lässt den Kurs unmerklich auf den richtigen Wert kommen. Lassen Sie sich ruhig Zeit, und korrigieren Sie mit ganz flachen Kurven.

Ihre Passagiere werden es begrüßen.

5.3 Kraftstoffmanagement

Kraftstoffmangel ist eine der häufigsten Unfallursachen, obwohl gerade diese am leichtesten zu vermeiden ist.

Die Schuld immer und ausschließlich bei den Piloten zu suchen ist aber oft zu einfach:

Neue Motoren zum Beispiel verbrauchen deutlich mehr Kraftstoff. Ein Mehrverbrauch von 10 Litern pro Stunde ist nicht ungewöhnlich. Die Handbuchwerte erreicht ein Motor frühestens nach 50 Stunden Einlaufzeit, meist werden die optimalen Werte erst nach 400 Stunden Laufzeit erreicht.

Wesentlich ältere Motoren haben durch Verschleiß nicht mehr die volle Leistung, verbrauchen aber pro Stunde die gleiche Menge Kraftstoff wie die neuen. Da aber in der Berechnung eine bestimmte Motordrehzahl und Fluggeschwindigkeit geplant wird, geht man nicht von höheren Verbrauchswerten aus. Folglich liegt dann der tatsächliche Kraftstoffverbrauch weit höher als geplant.

Chartert man also ein Flugzeug, so stehen in dessen Handbuch zwar Verbrauchswerte für alle Leistungseinstellungen und Höhen, jedoch richtet sich aus den bereits erwähnten Gründen der tatsächliche Kraftstoffverbrauch nur selten nach den abgedruckten Werten.

Eine Möglichkeit, trotz unbekanntem Kraftstoffverbrauch sicher ans Ziel zu gelangen, bietet eine überlegte Tankschaltung, insbesondere für Flugzeuge mit Einzeltankschaltung. (Gilt beispielsweise nicht für die Cessna 152, da diese nur über die Stellungen „OFF" und „ON" verfügt.)

Nehmen wir einmal einen Flug mit einer Cessna 172 an, der über eine Distanz von der Reichweite der Tanks minus der vorgeschriebenen Reserve führt.

Die Tankanzeigen sind bekanntermaßen für eine exakte Beurteilung des Tankinhaltes kaum brauchbar, und damit wird der Flug mit zunehmender Annäherung an den Zielflugplatz immer spannender.

Das muss aber nicht sein: Anstatt den Tankwahlschalter während des gesamten Fluges auf „Both" zu belassen, schalten Sie ein bis zwei Stunden vor Erreichen Ihres Zieles (wir nehmen als Beispiel einmal 90 Minuten) auf den linken Tank um und fliegen 20 Minuten länger als die halbe verbliebene Flugzeit, also 65 Minuten.

(Warum auf den linken Tank schalten? Der Grund ist recht einfach: Der linke Tank ist verbunden mit der Tankbelüftungsöffnung nahe der Tragflächenstütze. Der rechte Tank hat eine kleine Bohrung im Tankdeckel, die leicht verstopfen kann. In einem solchen Fall wird das ausfließende Benzin nicht ausreichend durch Luft ersetzt und verursacht einen kleinen Unterdruck in diesem Tank. Also ist die Wahrscheinlichkeit groß, dass im rechten Tank eine größere Kraftstoffmenge verbleibt.)

Jetzt wissen Sie genau, dass Sie noch etwa für 65 Minuten Kraftstoff im rechten Tank haben. Da die restliche Flugzeit in diesem Beispiel nur noch 25 Minuten beträgt, können Sie beruhigt aufatmen, den Tankwahlschalter wieder auf „Both" stellen und nun können Sie sicher sein, dass Sie ihr Ziel mit einer Reserve für 40 Minuten Flugzeit erreichen werden.

Nehmen wir aber an, der Kraftstoffverbrauch war deutlich höher als der Handbuchwert, und der Motor beginnt bereits nach 40 Minuten zu stottern. Jetzt wissen Sie, dass Sie Ihr Ziel vermutlich kaum erreichen werden. Aber Sie wissen ebenso sicher, dass Sie noch annähernd 40 Minuten Motorlaufzeit haben, um einen geeigneten Flugplatz anzufliegen oder im schlimmsten Falle auf einer Wiese zu landen. Mit Motorunterstützung haben sie die freie Wahl, ohne Motor sind die Alternativen bekanntlich sehr limitiert.

Bei Tiefdeckern ist das Umschalten von einem auf den anderen Tank obligatorisch, da sonst das Flugzeug durch die unsymmetrische Tanklast auf einer Seite zu hängen beginnt. Machen Sie es sich zur zweiten Natur, Ihre Armbanduhr als Erinnerungsstütze zu verwenden:

Zeigt der Minutenzeiger auf eine Zahl zwischen 0 und 30, also auf die rechte Seite des Zifferblattes, fliegen Sie auf dem rechten Tank. Zeigt er auf die linke Seite, fliegen Sie auf dem linken Tank. Auf diese Weise schalten Sie ohne große Buchführung alle halben Stunden den Tank um.

Wenn Sie beide Tanks halb leer geflogen haben, bleiben Sie auf einem Tank, bis Sie mehr als die halbe verbliebene Strecke zum Ziel zurückgelegt haben. Dann erreichen Sie sicher Ihr Ziel. Beginnt aber der Motor vorher zu stottern, wissen Sie ziemlich genau, wie viel Zeit Ihnen noch für eine Alternative bleibt.

Fliegen Sie kürzere Strecken, ist eine gute Faustregel, stets voll zu tanken und nach Verbrauch des halben Kraftstoffvorrates wieder nachzutanken. Das höhere Abfluggewicht verschlechtert zwar geringfügig die Flugleistungen, aber gegenüber der gewonnenen Sicherheit ist das nicht von Bedeutung.

Noch ein kleiner Trick: Sollten Sie am Ende eines längeren Fluges die bei „E" stehenden Zeiger der Tankuhren nervös machen, dann fliegen Sie einfach ein paar „Fishtailings". Der Kraftstoff schwappt dann im Tank hin und her, und die Zeiger der Tankuhren bewegen sich. Das beruhigt ungemein.

Etwas unschöner wird es, wenn der Motor kurz vor Erreichen des Zieles seinen Dienst aus Spritmangel quittiert.

Aber auch hier kann Sie noch einmal der Griff in die Trickkiste ein paar Minuten in der Luft halten:

Nahezu alle Flugzeugtanks haben keine horizontale Unterseite, sondern sind entsprechend der V-Form der Tragfläche ein paar Grad geneigt. Die Entnahmestelle des Kraftstoffes im Tank ist aber stets einige Zentimeter oberhalb des tiefsten Punktes angebracht, um Wasser und Schmutzpartikel im Tank zu halten und nicht anzusaugen. Sie führen daher immer eine gewisse Menge „nicht ausfliegbaren" Kraftstoff mit. Bei einer Cessna 172 sind das immerhin 16 Liter!

Wenn Sie nun Ihr Flugzeug in eine unkoordinierte Schräglage bringen (Slip), können Sie noch einige Minuten vom normalerweise nicht ausfliegbaren Sprit profitieren.

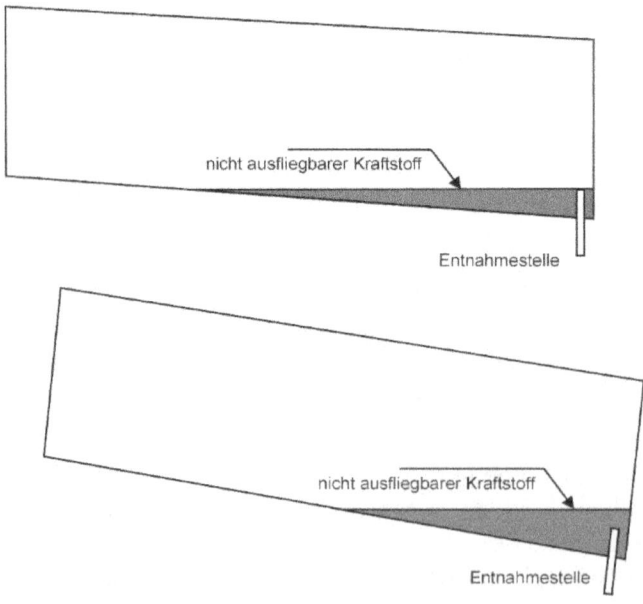

5.4 Kraftstoffverbrauch

Fast ausschließlich werden im Reiseflug Motorleistungen um 65% bis 75% eingestellt. Die Begründung dafür ist im Allgemeinen die Zeitersparnis. Wenn man schon fliegt, will man schneller am Ziel sein als mit dem Auto.

Noch leichter einzusehen ist die Tatsache, dass bei gemieteten Flugzeugen die Zeit bezahlt wird, die sich das Flugzeug in der Luft befindet. Schon aus Kostengründen bietet sich da eine möglichst hohe Reisegeschwindigkeit an.

Für den Eigentümer eines Flugzeuges oder eine Haltergemeinschaft, in der nicht nach Flugzeit oder HOBBSmeter, sondern nach dem Stundenzähler im Drehzahlmesser abgerechnet wird, kann man durch langsameres Fliegen die Kosten je Flugstunde und sogar die Kosten für die zurückgelegte Strecke deutlich senken. Ein Beispiel:

Zwei Piloten planen mit je einer Cessna 152 einen Flug über 450 nautische Meilen. Vollgetankt erreichen die Flugzeuge gerade das zulässige Höchstgewicht.

Der eine Pilot plant, in 6000 Fuß mit 75% Leistung und einer Geschwindigkeit von 105 Knoten zu fliegen. Die Cessna 152 verbraucht dabei laut Handbuch 23,1 Liter pro Stunde, also 99 Liter für die gesamte Strecke.

Da der Tank nur 96 Liter fasst, ist eine Zwischenlandung nach etwa der halben Flugstrecke vorgesehen.

Die Kraftstoffbilanz für diesen Piloten sieht wie folgt aus:

- 2malAnlassen, Rollen und Startlauf– 6,0 Liter
- 2-mal Steigflug auf 6000 Fuß – 10,6 Liter
- 426 Meilen Reiseflug mit 75 % Leistung – 93,7 Liter
- 6 Minuten Umweg wegen Tankens 1,5 Liter
- 2mal Platzrunde, Rollen zum Abstellplatz – 4,0 Liter

die Summe (aufgerundet) – 116 Liter

Nach der Landung befinden sich noch rund 38 Liter Kraftstoff im Tank, genug für 1 ½ Stunden Flugzeit.

Der andere Pilot hat es nicht so eilig und entscheidet sich für einen Flug in gleicher Höhe mit 45% Leistung und 79 Knoten. Dabei verbraucht er folgende Mengen:

- 1mal Anlassen, Rollen und Startlauf – 3,0 Liter
- 1mal Steigflug auf 6000Fuß – 5,3Liter
- 438 Meilen Reiseflug mit 45 % Leistung – 77,6 Liter

die Summe (aufgerundet) – 86 Liter

Nach dem Abstellen sind noch 10 Liter Kraftstoff im Tank, ausreichend für 43 Minuten Reiseflug, also mehr als die gesetzlich vorgeschriebene Mindestreserve.

Der erste Pilot tankt nach etwa der halben Flugstrecke wieder voll und verbraucht bis dahin 58 Liter Kraftstoff. Im Durchschnitt hat er also 96-58/2, also 67 Liter Kraftstoff an Bord.

Der andere Pilot befördert im Schnitt nur 96-86/2, also 53 Liter. Die Differenz von 67- 53=14 Liter bedeutet für den ersten Piloten ein Mehrgewicht von etwa 10 Kilogramm, also mehr als ein Prozent des Flugzeuggesamtgewichtes. Das bedeutet rechnerisch auch einen um gut ein Prozent höheren Verbrauch, also noch einmal 1,2 Liter. Damit errechnet sich der Mehrverbrauch des ersten Piloten auf 31 Liter.

Die Flugzeit des zweiten Piloten ist mit 5,7 Stunden (450 Meilen geteilt durch 79 Knoten) erheblich länger als die des ersten Piloten. Dessen Reiseflug beträgt lediglich 4,3 Stunden, also rund 1,4 Stunden weniger.

Allerdings muss er nun noch die Zeit für Umweg, Platzrunde bei An- und Abflug, die Abfertigung und den Tankstopp dazurechnen. Damit geht ein nennenswerter Anteil seiner Zeitersparnis wieder verloren.

Er verbraucht aber um ein Drittel mehr Kraftstoff, beansprucht das Flugzeug stärker und bezahlt einmal mehr Landegebühren.

Ein anderer, sehr verblüffender Aspekt hat sich bei den Berechnungen ergeben:

Der Stundenzähler des Drehzahlmessers ist auf 2400 RPM ausgelegt, das heißt, fliegt man mit 2400 RPM, so zeigt der Drehzahlmesser exakt die richtige Flugzeit an.

Fliegt man mit 2160 RPM, also 10 Prozent kleinerer Drehzahl, so zeigt der Stundenzähler nach einer Stunde Flugzeit nur 0,9 Stunden Motorlaufzeit an.

Eine Stunde Rollen mit 800 RPM schlägt mit 20 Minuten Motorlaufzeit auf dem Drehzahlmesser zu Buche.

Bei der Berechnung des oben gezeigten Beispiels hat sich nun ergeben, dass beide Piloten laut Stundenzähler im Drehzahlmesser fast genau 4,8 Stunden Motorlaufzeit benötigen.

Der langsame Pilot fliegt demnach fast eine Stunde länger als der Stundenzähler anzeigt und belastet dabei den Motor wesentlich weniger als der andere.

Natürlich ist dieses Beispiel recht extrem gewählt. Es soll auch nur einen Denkanstoß für den nächsten Überlandflug bewirken. Ein Mehrverbrauch von über 30% ist mehr als nur ein D-Zug Zuschlag. Schneller fliegen lohnt nicht immer, erst recht nicht für den Flugzeugeigner.

In diesem Zusammenhang soll auch noch ein anderer Aspekt erwähnt werden: Sollte man in eine Situation kommen, in der der Kraftstoffvorrat knapp wird, bietet die geringere Reisegeschwindigkeit eindeutig die besseren Chancen, mit dem noch im Tank befindlichen Kraftstoffrest nach Hause zu kommen.

5.5 Einfluss des Windes auf den Kraftstoffverbrauch

Dass man schneller ans Ziel kommt, wenn man speziell bei Gegenwind schneller fliegt, ist ebenso einleuchtend wie die Tatsache, dass man bei Rückenwind Kraftstoff spart. Eine interessante Frage ist dabei: Welche Geschwindigkeit ergibt den geringsten Kraftstoffverbrauch für die geplante Strecke?

Das folgende Diagramm zeigt die Werte des Handbuches für den Kraftstoffverbrauch einer Cessna 172M in 6000 Fuß.

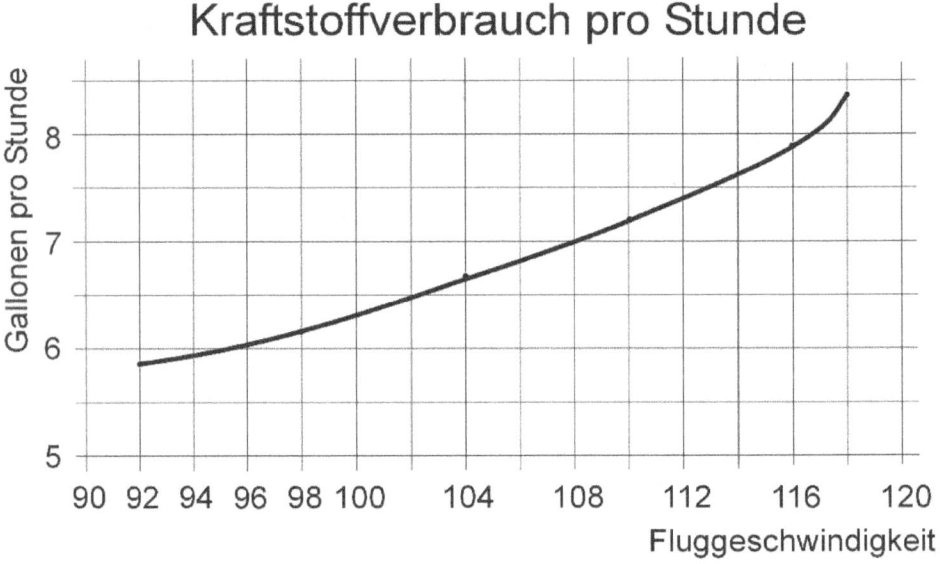

Offensichtlich steigt der Kraftstoffverbrauch mit steigender Geschwindigkeit. Das ist einleuchtend.

Für einen geplanten Flug ist jedoch der Kraftstoff für die geplante Strecke und nicht pro Stunde ausschlaggebend.

Daher wurden die oben genannten Werte auf Kraftstoffverbrauch pro 100 Nautische Meilen umgerechnet und ergeben folgendes Bild:

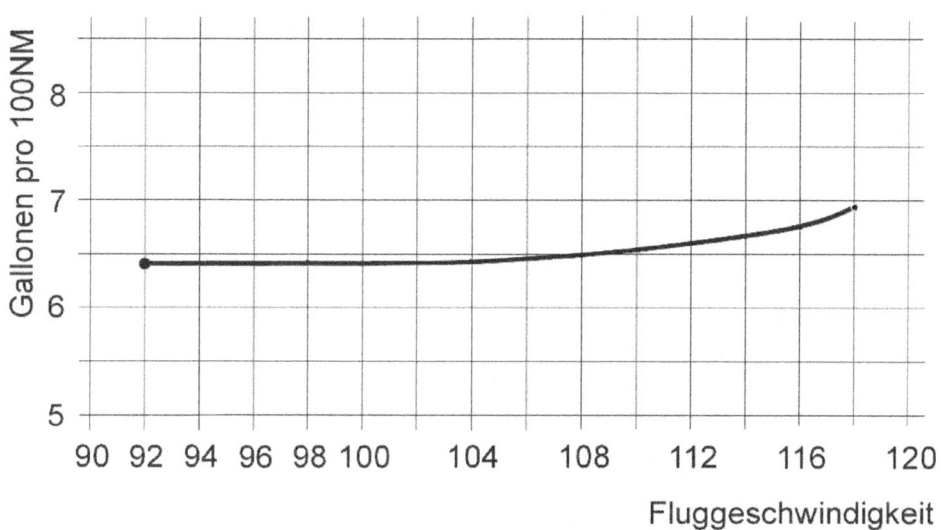

Es zeigt sich, dass die Verbrauchswerte bei Motorleistungen zwischen 50 und 65% (Geschwindigkeiten zwischen 92 und 104 KTAS) überraschend konstant und nahezu unabhängig von der Fluggeschwindigkeit sind.

Allerdings steigt der Verbrauch bei höherer Motorleistung überproportional an und resultiert bei 75% Leistung bereits in einem Mehrverbrauch von einer Gallone pro 100 Nautische Meilen.

Die absolut niedrigsten Verbrauchswerte sind laut Handbuch 5,9 Gallonen pro Stunde, was 6,41 Gallonen pro 100 Nautische Meilen ergibt.

Nicht neu dürfte sein, dass Gegenwind die Geschwindigkeit über Grund verringert und damit den Kraftstoffbedarf erhöht. Wie sich der Windeinfluss auf den Kraftstoffbedarf auswirkt zeigt das folgende Diagramm.

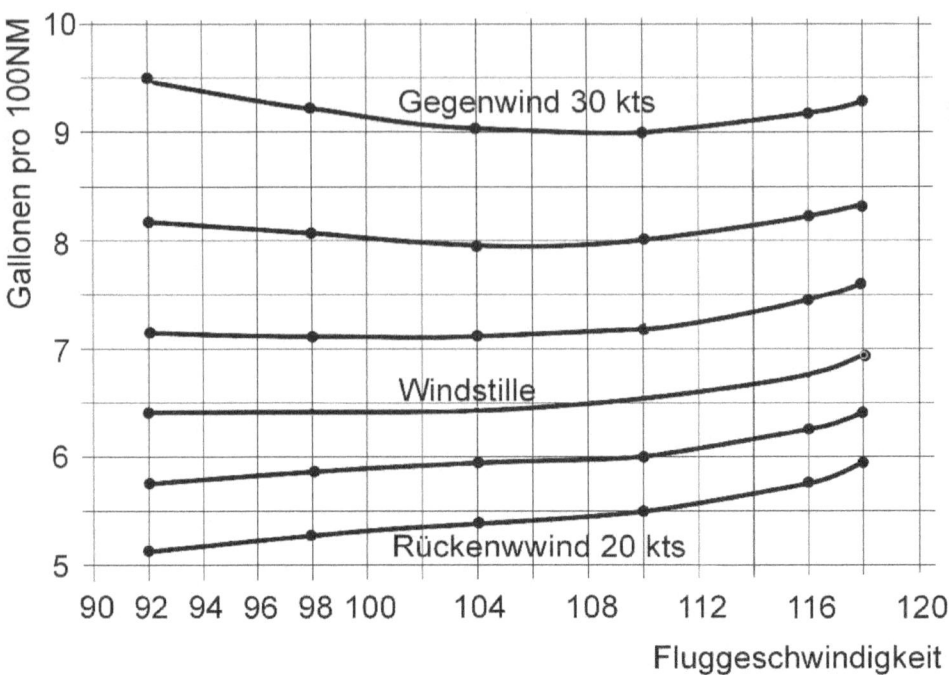

Die unterste Linie zeigt den Kraftstoffbedarf bei Rückenwind, darüber liegen die Linien für Rückenwind von 10 Knoten, Windstille sowie Gegenwind von 10, 20 und 30 Knoten.

Wollen Sie also möglichst spritsparend fliegen, wählen Sie bei Rückenwind eine möglichst geringe Geschwindigkeit, bei Windstille ist die Wahl der Geschwindigkeit bis etwa 100 KTAS ohne großen Einfluss auf den Kraftstoffbedarf, bei Gegenwind sollten Sie aber um etwa 50% der Windgeschwindigkeit schneller fliegen. Jede andere Geschwindigkeit erhöht den Kraftstoffbedarf für die geplante Strecke.

Es gibt aber noch andere Möglichkeiten, Kraftstoff zu sparen.

Wenn Sie im Gebirge fliegen, suchen Sie sich die Talseite mit Hangaufwind. Fliegen Sie da ruhig ein wenig langsamer, Sie gewinnen dort kostenlos Höhe, die Sie in Abwindgebieten in Geschwindigkeit umsetzen können.

Denken Sie auch daran, dass Sie rechtzeitig Ihre Reiseflughöhe verlassen, wenn Sie Ihrem Ziel näherkommen. Am Zielflugplatz in 5000 Fuß anzukommen ist Energieverschwendung.

Beginnen Sie Ihren Sinkflug so zeitig, dass Sie den Rest der Strecke mit einer Sinkrate um 300 Fuß pro Minute zurücklegen können. Bei den kleinen Cessnas bedeutet das unter Beibehaltung der Reisegeschwindigkeit eine Reduzierung der Motordrehzahl um etwa 200 RPM.

Diese Methode hat weitere Vorteile: Neben der Ersparnis an Kraftstoff wird der Motor langsamer heruntergekühlt. Das vermeidet Wärmerisse in den Zylindern.

Wenn Sie beim Übergang aus dem Sinkflug in den Horizontalflug die Leistungseinstellung des Motors stehen lassen, halten Sie die Höhe durch Ziehen. Dadurch verringert sich die Geschwindigkeit so weit, dass Sie Klappen fahren können.

Jetzt brauchen Sie nur noch zu trimmen, und Ihr Flugzeug ist für die Landung vorbereitet. So sparen Sie unnötige Arbeit.

5.6 Beladung

Während der Ausbildung wird besonders das Berechnen von Gewicht und Schwerpunkt geübt. Meist ist es dann auch das letzte Mal, dass man sich dieser Aufgabe unterzieht.

Das ist nicht zwangsläufig illegal: Fliegt man nicht anders beladen als sonst, kann man die Gewichts- und Schwerpunktberechnung vom letzten Mal hernehmen, eine neue erübrigt sich.

Die Wichtigkeit von Beladung und Schwerpunkt wird häufig sowohl unter- als auch überschätzt.

Es leuchtet jedem ein, dass ein Flugzeug mit einem zulässigen Gesamtgewicht in der Größenordnung von einer Tonne nicht plötzlich mit dem Fliegen aufhört, nur weil das zulässige zertifizierte Gesamtgewicht um 50 kg überschritten wurde.

Da gibt es die Geschichte einer DC-3, die während der Berlinblockade mit mehr als der doppelten Nutzlast beladen wurde, weil ein Lademeister Kilogramm anstelle von Pounds geladen hatte. Das Flugzeug hat zwar sehr mühsam abgehoben, ist aber in Berlin gelandet, wobei lediglich ein Reifenschaden auftrat.

Ein anderes Beispiel: Wenn Sie ein Flugzeug über den Atlantik überführen wollen und lassen einen Zusatztank einbauen, so bekommen Sie auf Antrag eine Genehmigung der Zulassungsbehörde, dass Sie für einen solchen Flug das zulässige Gesamtgewicht um 25% überschreiten dürfen.

Offensichtlich fliegen also die Flugzeuge auch mit weit höherem Gewicht als das Handbuch erlaubt.

Allerdings sollte man sich über die physikalischen Gesetzmäßigkeiten und die Folgen im Klaren sein:

Hat man das zulässige Gesamtgewicht überschritten, so erlischt im Falle eines Unfalles jeglicher Versicherungsschutz, abgesehen von den bürokratischen Folgen wie dem möglichen Verlust der Lizenz und einem Bußgeld.

Weiterhin stimmen alle Leistungsangaben im Handbuch nicht mehr, da diese, wenn nicht ausdrücklich anders spezifiziert, auf die maximal zulässige Gesamtmasse bezogen sind.

Aber lassen Sie uns einmal den Einfluss des Gewichtes auf die verschiedenen Leistungsmerkmale eines Flugzeuges überprüfen.

Wir nehmen dazu ein Flugzeug an, das für ein MTOW von 1000 kg zugelassen ist. Das Leergewicht nehmen wir mit 600 kg an, die Tanks fassen eine Kraftstoffmasse von 100 kg. Das bedeutet eine Nutzlast von 300 kg.

Die Genehmigung, das MTOW um 25% überschreiten zu dürfen, heißt mit anderen Worten, dass man die Nutzlast beinahe verdoppeln darf. Da erscheint auch die Geschichte von der DC-3 glaubhaft.

Da man häufig nur zu zweit fliegt, ist für die Praxis interessant, wie sich ein geringeres als das zulässige Gesamtgewicht auswirkt.

Auf der anderen Seite ist es nicht uninteressant zu wissen, welche Folgen sich aus einer Überladung ergeben.

Basis ist also das Flugzeug mit dem zulässigen Gesamtgewicht von 1000 kg.

Um deutliche Unterschiede zu erhalten, verringern wir einmal das Abfluggewicht um 25% des zulässigen Gesamtgewichtes, also Abfluggewicht 750 kg, und ein anderes Mal überladen wir das Flugzeug um 25%, also Abfluggewicht 1250 kg.

Im unbeschleunigten Geradeausflug muss der Auftrieb immer so groß sein wie das Gewicht.

Aus der Gleichung Auftrieb = $c_A . A . \rho/2 . v^2$ mit

c_A = Auftriebsbeiwert
A = Fläche des Tragflügels
ρ = Luftdichte und
v = Geschwindigkeit

geht hervor, dass sich der Auftrieb quadratisch mit der Geschwindigkeit vergrößert, gleichen Anstellwinkel vorausgesetzt.

Somit ergeben sich neue Werte für alle Geschwindigkeiten und Strecken:

- **Überziehgeschwindigkeit.** Da der Auftrieb mit dem Quadrat der Geschwindigkeit wächst, sinkt die Überziehgeschwindigkeit bei dem geringeren Gewicht um 1 minus der Wurzel aus 0,75, also um 13,4 %. Bei 25 % erhöhter Abflugmasse steigt sie um 11,8 %.
- **Startstrecke.** Ist die zu beschleunigende Masse um ein Viertel kleiner, wächst die Beschleunigung auf 4 Drittel, ist also um 33% größer.
  Da der Weg umgekehrt proportional der Beschleunigung zunimmt, wäre auch die Startstrecke bei gleicher Abhebegeschwindigkeit um 33,3% kürzer. Das Flugzeug benötigt jedoch zum Abheben eine um 13,4 %

geringere Geschwindigkeit, auf die es beschleunigt werden muss. Diese geht also ebenfalls in die Berechnung ein.

Die Startstrecke verkürzt sich damit rechnerisch auf das 0,67-mal 0,67fache, also auf 45 %.

Im Falle einer Überladung von 25 % wäre die Startstrecke um 56% länger.

- **Steigvermögen.** Da bei geringerem Gewicht der Auftrieb entsprechend kleiner sein kann, benötigt das Flugzeug auch zum Steigen mit gleichem Anstellwinkel eine um etwa 13,4% geringere Geschwindigkeit. Der Motor braucht daher nur den um 0,75fachen Luftwiderstand zu überwinden und auch nur das 0,75fache Gewicht anheben. Dadurch vergrößert sich die Steigleistung deutlich um etwa 70 %.

  Bei 25 % größerem Gewicht muss der Motor 25 % mehr Gewicht schleppen, und das bei einer um 12 % höheren Geschwindigkeit. Die Steigleistung nimmt dabei um rund 64 % ab, das heißt es bleibt nur noch etwa ein Drittel der Steigleistung übrig!

- **Reisegeschwindigkeit.** Die Reisegeschwindigkeit bei gleicher Motorleistung nimmt bei 25% geringerem Gewicht um 13,4% zu, bei um 25% größerem Gewicht um 12 % ab – ist also nicht so dramatisch zu bewerten.

- **Reichweite.** Wird die gleiche Geschwindigkeit geflogen, benötigt die um 25% kleinere Masse auch 25% weniger Motorleistung. Diese ist in erster Näherung dem Kraftstoffverbrauch proportional. Also nimmt die Reichweite um etwa 33% zu. Im Falle der Überladung nähme die Reichweite um 20% ab.

- **Landestrecke.** Bei einem geringeren Gewicht ist die Anfluggeschwindigkeit entsprechend kleiner und erfordert eine um etwa 25 % kürzere Landestrecke. Bei 25 % Überladung wäre die Landestrecke 33 % länger.

Da das größte Gewicht immer beim Start anzunehmen ist (schließlich wird ja während eines langen Fluges eine nicht unbeträchtliche Menge Kraftstoff verbrannt), ist in besonderem Maße die Kenntnis von Startstrecke, Steigrate und Überziehgeschwindigkeit von großer Wichtigkeit.

Trotzdem fallen immer wieder Flugzeuge kurz nach dem Start herunter, manchmal erst nach einigen Meilen, wie beim Unfall einer Bonanza in München, bei dem im Unfallbericht eine um 50 Kilogramm zu hohe Beladung als Ursache genannt wurde.

Die Rechnungen zeigen, dass sich die Überziehgeschwindigkeit, V_x und V_y nur geringfügig ändern, bei 5% Überladung gerade mal um runde 2 Knoten. Geschwindigkeitsunterschreitung als Unfallursache dürfte daher kaum anzunehmen sein. In dieser Größenordnung liegen bereits normale Ablesefehler.

Viel wahrscheinlicher können die Startunfälle auf eine völlig andere Ursache zurückgeführt werden:

Während des Trainings, und auch später, fliegt man im Allgemeinen nur zu zweit. Man prägt sich den Punkt des Abhebens, die Geschwindigkeiten V_x und V_y ein und gewöhnt sich an das Steigverhalten und die Pitch Attitude.

Wenn dann einmal das Flugzeug „bis zum Stehkragen" beladen ist, weicht das Flugverhalten deutlich vom Gewohnten ab:

Die Beschleunigung ist kleiner, der Abhebepunkt liegt weiter hinten, die erforderliche Geschwindigkeit ist größer und der Steigwinkel deutlich kleiner.

Bei einer angenommenen Steiggeschwindigkeit von 60 Knoten muss diese bei einem Flugzeug mit 100% des erlaubten Gewichtes um 12% höher sein als bei einem mit nur zu 80% Gewicht.

Fliegt der Pilot mit der ihm gewohnten Geschwindigkeit, fehlen ihm bereits 6 Knoten mit der Folge geringerer Steigrate und größerem induzierten Widerstand.

Nun ist aufgrund des höheren Gewichtes die Steigrate deutlich kleiner als gewohnt. Das bewirkt einen flacheren Winkel der Flugbahn.

Die Pitch Attitude setzt sich aber zusammen aus Steigwinkel und Anstellwinkel. Fliegt der Pilot also mit der ihm gewohnten Pitch Attitude ist der Anstellwinkel logischerweise größer.

Größerer Anstellwinkel bedeutet aber kleinere Geschwindigkeit, was zu einer weiteren Annäherung an die Überziehgeschwindigkeit führt.

Wenn jetzt auch noch nahe Hindernisse zu überfliegen sind, ist die Versuchung durch Ziehen Höhe gewinnen zu wollen erst recht groß. Die Folgen sind vorstellbar.

Aus diesem Grunde der folgende Rat:

Beladen Sie Ihr Flugzeug einmal an einem warmen Sommertag auf einem möglichst langen Platz bis zur erlaubten Grenze (möglichst kopflastig, siehe nächstes Kapitel). Sie werden erkennen, wie mager die Start- und Steigleistungen werden.

Steigen Sie auf eine sichere Höhe und erfliegen Sie sich die Geschwindigkeit für bestes Steigen.

Versuchen Sie nun einmal, durch Ziehen des Steuerhorns Höhe zu gewinnen. Es wird Sie überraschen, wie schnell Sie sich dem überzogenen Flugzustand nähern.

„Durch Ziehen gewinnt man Höhe, durch noch mehr Ziehen kommt man ziemlich sicher in den Himmel."

5.7 Schwerpunkt

Über die Schwerpunktlage wird häufig kontrovers diskutiert. Überwiegend wird behauptet, die vordere Schwerpunktlage sei besser. Diese These hält einer genaueren Überprüfung nicht stand.

Zwei Aussagen sind zweifellos richtig
- Der Schwerpunkt muss innerhalb der vom Handbuch festgelegten Grenzen liegen.
- Der Schwerpunkt muss immer vor dem Auftriebsmittelpunkt der Tragfläche liegen.

Um die Nase des Flugzeuges „oben" zu halten, muss daher das Höhenruder eine abwärtsgerichtete Kraft aufbringen, siehe Kapitel „Trimmung".

Diese Kraft wird, ebenso wie der Auftrieb, aerodynamisch erzeugt und ist daher abhängig von Geschwindigkeit und Anstellwinkel.

Ein Flugzeug wird daher so konstruiert, dass das Höhenruder auch noch bei Überziehgeschwindigkeit eine ausreichend große Kraft erzeugen kann, um die Flugzeugnase oben zu halten. Dabei werden die vorderste Schwerpunktlage und das höchstzulässige Abfluggewicht angenommen, da diese Kombination die höchste Kraft erfordert, die das Höhenruder erzeugen muss.

Die hintere Schwerpunktlage ist so bestimmt, dass im Falle eines Überziehens der Tragfläche das Flugzeug nicht ins Flachtrudeln geht, sondern die Nase nach unten nimmt und damit ein mögliches Trudeln konventionell beendet werden kann.

Das Höhenruder erzeugt also eine abwärtsgerichtete Kraft, die umso größer ist, je weiter der Schwerpunkt nach vorne verschoben wird. Diese Kraft muss vom Auftrieb der Tragfläche zusätzlich zum Gewicht getragen werden siehe auch Kapitel „Überziehgeschwindigkeit".

Somit erzeugt also diese Kraft zweimal induzierten Widerstand, nämlich einmal am Höhenruder, das zweite Mal an der Tragfläche.

Das bedeutet: Jedes Kilopond (1kp = 9,81N) Kraft am Höhenruder erzeugt den gleichen induzierten Widerstand, als wären zusätzliche 2 Kilogramm Nutzlast zugeladen worden sein.

Berechnet man einmal aus den Größenverhältnissen und dem Diagramm „Zulässiger Schwerpunktbereich" der Cessna 152 die Momente bei voller Zuladung, ergeben die Daten, dass das Höhenruder bei maximal zulässigem

Gesamtgewicht für die vorderste Schwerpunktlage einen um 18kp höheren Abtrieb erzeugen muss als für die hinterste Schwerpunktlage.

Die Berechnung einer Cessna 182 ergibt sogar einen Unterschied von 45kp. Das bedeutet, dass die Tragfläche der Cessna 152 zusätzlich einen um 18kp, die der Cessna 182 einen um 45 kp höheren Auftrieb erzeugen muss, wenn der Schwerpunkt an vorderster und nicht an hinterster zulässiger Stelle liegt. Entsprechend muss demnach auch bei gleicher Geschwindigkeit der Anstellwinkel vergrößert werden, der bekanntlich einen höheren induzierten Widerstand bewirkt. Höherer Widerstand erfordert aber bekanntlich einen höheren Leistungsbedarf.

Die Leistungsdaten des Flugzeuges würden sich also durch die vorderste Schwerpunktlage so verschlechtern, als würde man 36 kg mehr in die Cessna 152 oder 90kg (!) mehr in die Cessna 182 laden!

(Im Bericht des im vorigen Kapitel erwähnten Bonanza-Unfalles wurde auch noch die hintere Schwerpunktlage als zusätzliche Unfallursache angeführt. Man kann daraus nur schließen, dass da nicht sonderlich tief nachgedacht wurde.)

Oft hört man, dass ein Flugzeug mit hinterster Schwerpunktlage leichter ins Trudeln kommt.

Diese Aussage ist gänzlich falsch! Trudeln setzt bekanntlich überzogene Tragflächen voraus. Die Überziehgeschwindigkeit sinkt aber bei hinterer Schwerpunktlage! Richtig ist allerdings, dass ein durch Pilotenfehler induziertes Trudeln bei hinten liegender Schwerpunktlage schwerer zu beenden ist.

Die vordere Schwerpunktlage bietet nur einen einzigen Vorteil: Der Abstand vom Schwerpunkt zum Leitwerk wird größer, und damit steigt die Eigenstabilität.

Demgegenüber stehen eine Menge Nachteile:

- schlechtere Manövrierbarkeit

- längere Startstrecke

- geringere Steigleistung

- höhere Überziehgeschwindigkeit

- geringere Reisegeschwindigkeit

- geringere Reichweite
- längere Landestrecke.

Zusammengefasst kann man also sagen, dass eine vordere Schwerpunktlage zwar die Eigenstabilität verbessert, sämtliche Flugleistungen jedoch verschlechtert.

Geringere Eigenstabilität bedeutet aber lediglich, dass das Flugzeug weniger exakt auf die Trimmung reagiert und nach einer Störung länger um die Querachse oszilliert. Der Pilot muss daher selber Geschwindigkeit und Höhe konstant halten. Wird aber der Schwerpunkt weiter nach hinten verschoben werden auch die erforderlichen Ruderkräfte kleiner. Das Flugzeug ist also leichter zu steuern.

Geschwindigkeit und Höhe einzuhalten ist aber lediglich eine Frage der konstanten Pitch Attitude.

Wenn Sie sich also einmal daran gewöhnt haben, den Smiley am Horizont festzuhalten, empfinden Sie die geringere Stabilität nicht als Nachteil. Im Gegenteil: Die Steuerkräfte sind klein und das Flugzeug lässt sich agiler manövrieren.

Und was macht mehr Spaß:

Selbst fliegen oder das Steuern des Flugzeuges der Trimmung oder dem Autopiloten überlassen?

5.8 Fliegen nach dem Magnetkompass

Ist der Kurskreisel defekt oder nicht vorhanden (Kunstflugmaschinen verfügen in den seltensten Fällen über Kreiselinstrumente), so fliegt man nach dem Kompass.

Über Kompassdrehfehler ist in allen Lehrbüchern genügend geschrieben worden, darum möchte ich mich auf das praktische Fliegen ohne Kurskreisel, also nur nach Kompass beschränken.

Abgesehen vom Drehfehler, der in den Lehrbüchern qualitativ und quantitativ beschrieben ist, wird für den Beschleunigungsfehler lediglich die Tendenz, nicht aber die Größe der Abweichung angegeben. Das ist auch wegen der vielen Einflussgrößen nicht möglich. Also wird der Drehfehler nur im Horizontalflug berechnet.

Die maximale Abweichung beträgt bei normalen Schräglagen rund 30 Grad bei Nord- bzw. Südkurs. Diese Abweichung verringert sich auf null, je näher man Ost- oder Westkurs fliegt.

Wollen Sie also im Horizontalflug den Kurs ändern, sagen wir einmal von 270 auf 310 Grad, müssen Sie nach der Theorie den Drehfehler berechnen mit 4 Neuntel von 30 Grad, abgezogen von 310 Grad, macht also 296 Grad. (Wenn Sie das nicht gleich auf Anhieb verstehen, macht das auch nichts, es ist nämlich völlig egal.)

Solche Berechnungen werden zwar während des Prüfungsfluges verlangt, sind aber ziemlich unbrauchbar. Besonders dann, wenn man alle Hände voll damit zu tun hat, das Flugzeug einigermaßen geradeaus zu fliegen und der Kompass hin- und her schaukelt.

Viel praktikabler ist da die folgende Methode:

Sie lesen im Geradeausflug Ihren Kompass ab, rechnen grob von diesem gegenwärtigen Kurs den Winkel zum neuen Sollkurs schauen aus dem Fenster in etwa diese Richtung, suchen sich dort eine Bodenmarkierung und drehen Ihr Flugzeug auf diese zu.

90 Grad sind einfach zu sehen: Es ist die Richtung, in die die Tragflächenspitze zeigt.

45 Grad ist demnach der halbe Winkel zur Tragflächenspitze.

30 Grad nach links liegt der linke Türrahmen, 60 Grad nach rechts liegt der rechte Türrahmen einer einmotorigen Cessna oder Piper.

Wenn sich der Kompass beruhigt hat, werden Sie überrascht sein, wie genau Sie auf dem gewünschten Kurs sind. Mit ein bisschen Übung werden Sie beliebige Richtungsänderungen mit einer Abweichung weit besser als 5 Grad Genauigkeit ausführen können und das alles ohne alle Rechenmätzchen.

5.9 1-in-60 Regel

In der Vor-GPS-Zeit war es nicht immer einfach, den Standort zu bestimmen. Dazu war auch stets die Anwendung der 1-in-60-Regel Teil der Prüfung. Wenn Sie also bereits im Besitz einer Lizenz sind, können sie dieses Kapitel getrost überspringen.

Um die 1-in-60 Regel zu verstehen und anzuwenden, ist keine höhere Mathematik erforderlich. Das Prinzip ist einfach:

Fliegt man 60 Meilen geradeaus und vertut sich um 1 Grad, dann ist man vom Ziel eine Meile entfernt. Bei 2 Grad ergeben sich 2 Meilen, bei 10 Grad 10 Meilen Abweichung. Für diejenigen, die den Hintergrund verstehen wollen, ist der nächste Absatz gedacht, die anderen mögen ihn einfach überspringen.

Der Sinus von 30° ist 0,5, der Sinus von 20° ist 0,342, der von 10° ist 0,1736. Teilt man nun die Anzahl der Grade durch den Wert des Sinus, liegt das Ergebnis zwischen 57 und 60.

Mit anderen Worten: Multipliziert man den Wert des Sinus mit 60, erhält man recht genau die Anzahl der Winkelgrade.

Bei der Koppelnavigation während Ihrer PPL-Prüfung können Sie diese 1-in-60-Regel hervorragend gebrauchen: Sie fliegen Ihren berechneten Kurs stur geradeaus zum nächsten Fixpunkt. Meist treffen Sie diesen nicht genau.

Sobald Sie den Fixpunkt identifizieren können, schätzen Sie ab, in welche seitliche Entfernung Sie Ihr Steuerkurs führen würde. Nehmen wir an, es wäre etwa eine Meile und die Entfernung vom letzten bis zu diesem Punkt wären 12 Meilen. Nun brauchen Sie nur die beiden Strecken zu extrapolieren: Eine Meile auf 12 Meilen entspricht 5 Meilen auf 60 Meilen. Ihr Kurs war also um 5 Grad falsch. Nun fliegen Sie den Fixpunkt an und berichtigen auf der nächsten Teilstrecke Ihren Steuerkurs entsprechend um 5 Grad.

Ähnlich benutzen Sie die Regel bei der Radionavigation:

Fliegt man querab zu einem Sender und misst dabei die Flugzeit sowie die Veränderung des Winkels zum Sender, so braucht man nur die Zeit durch die Anzahl der Winkelgrade zu dividieren und mal 60 zu nehmen. Dadurch weiß man nun, wie lange man zum Sender fliegen müsste.

Diese Regel kann man zum Abschätzen der Entfernung zu einem Navigationssender hervorragend nutzen.

Nehmen wir an, Sie fliegen querab zu einem NDB. Die Nadel des ADF zeigt also genau nach rechts (oder links).

Nun stoppen Sie die Flugzeit, in der die Nadel 10° weiter nach hinten gelaufen ist. Nehmen wir an es sind drei Minuten. 3 Minuten geteilt durch 10 und multipliziert mit 60 ergibt 18 Minuten. In 18 Minuten würden Sie zum NDB fliegen können.

Nehmen wir an, Ihre Geschwindigkeit ist 100 Knoten, dann ist die Entfernung zum NDB leicht zu berechnen:

Bei einer Geschwindigkeit von 120 Knoten fliegen Sie 2 Meilen pro Minute, bei 100 Knoten ist das also rund 20 Prozent weniger.

18 Minuten mal 2 ergibt 36 Meilen, 20 Prozent abgezogen ist etwa 30. Sie sind also runde 30 Meilen entfernt vom NDB.

Eine wesentliche Voraussetzung für diese Methode sei noch erwähnt:

Gerade beim Fliegen mit dem ADF ist es zwingend erforderlich, den Kurs präzise einzuhalten. Jede Abweichung vom Kurs hat bekanntlich eine andere Anzeige der ADF-Nadel zur Folge. Ein falscher Kurs führt daher zwangsläufig zu einem falschen Ergebnis.

5.10 Fliegen in den Bergen

Flüge im Gebirge gehören zu den schönsten Erlebnissen, die das Fliegen mit kleinen Maschinen zu bieten hat. Allerdings ist auch hier ein vorsichtiges Herantasten an die Besonderheiten der Gebirgsfliegerei angeraten.

Nahezu 80% aller Unfälle in den Alpen sind wetterbedingt. Davon werden zwei Drittel verursacht durch mangelnde Sichtbedingungen und Verlust der Orientierung, ein Viertel durch Wind, und der Rest durch Vereisung und sonstige Einflüsse.

Die Alpen im Instrumentenflug überqueren zu wollen ist mit Kolbenmotorflugzeugen immer ein riskantes Unternehmen, da man aufgrund der nötigen Höhe auch im Sommer mit Eis rechnen muss und im Falle eines Motorschadens die Chancen sehr gering sind, ein brauchbares Landefeld zu finden. In den Alpen sollte man sich daher auf Sichtflug beschränken und im Falle einer Sichtverschlechterung lieber auf einer Wiese landen, als in einen „cumulus granitus" hineinzufliegen.

Größte Beachtung müssen Sie dem Wind schenken. Die generelle Windrichtung führt zu Hangaufwind auf der Luvseite, Abwind auf der Leeseite.

Im Lee ist immer mit Turbulenz zu rechnen. Schauen Sie sich einmal einen nicht zu schnell fließenden Bach an. Beobachten Sie, wie sich im Bachbett liegende Hindernisse auf die Oberfläche des Wassers auswirken: Vor dem Hindernis staut sich das Wasser auf, hinter dem Hindernis ist der Wasserspiegel niedriger als das umgebende, ungestört fließende Wasser.

Stromabwärts dahinter entsteht wieder ein Wellenberg, der nicht durch ein neuerliches Hindernis, sondern durch die einmal angeregte vertikale Schwingung der Strömung am ersten Hindernis verursacht wird.

Ähnlich verhält sich die Luftströmung an einem Gebirgszug.

Doch wird die generelle Windrichtung durch orographisch und thermisch bedingte Einflüsse gestört.

Auf der nach Süden ausgerichteten und von der Sonne stärker erwärmten Hangseite steigt die Luft auf, auf der kälteren Nordseite sinkt die Luft ab.

Diese Thermik beginnt bereits relativ früh, etwa gegen 10.00 Uhr morgens, und ist Ursache für den etwas später einsetzenden Talwind.

Der Talwind hat seinen Namen, weil er vom Tal hinauf in die Berge weht. Er entsteht, wenn die an den Südhängen der Berge erwärmte Luft von der Ebene nachgesogen wird.

Abends kühlen die unbewaldeten Hänge der Berge rascher ab als die Ebene selbst. Die kühle Luft fließt wieder als Bergwind ins Tal zurück.

In schräg zur generellen Windrichtung verlaufenden Tälern wird der Wind häufig in Talrichtung abgelenkt. An Kreuzungen und Einmündungen von Tälern ist daher mit Windscherungen und Turbulenz zu rechnen.

So einfach diese Regeln klingen, so verwirrend und unberechenbar können die Kombinationen der verschiedenen Einflüsse sein. Daher ist immer Vorsicht am Platze. Doch mit zunehmender Erfahrung und Ortskenntnis werden Sie lernen, die Windverhältnisse besser einzuschätzen.

Die beste Methode ist, sich die Alpen zu „erfliegen".

Beginnen Sie mit einem Flug, der Sie nicht zu tief in die Berge hineinführt, damit Sie im Falle einer Wetterverschlechterung in Richtung Flachland ausweichen können.

Fliegen Sie dem Wetter entgegen. Die Gebirgszüge der Alpen verlaufen zumindest im deutschsprachigen Raum in Ost-Westrichtung. So sind Südost- oder Südwestwetterlagen ideal für die ersten Geh- bzw. Flugversuche.

Rechnen Sie beim Überqueren eines Kammes stets mit der Möglichkeit eines starken Abwindfeldes. Wenn Sie nicht quer zum Kamm sondern schräg seitlich anfliegen, können Sie leicht im Falle starken Sinkens in Richtung des tiefer gelegenen Geländes abdrehen.

Nutzen Sie nach Möglichkeit die Aufwindfelder, um Höhe zu gewinnen. Wenn Sie ein Tal entlang fliegen und können trotz voller Motorleistung kaum Ihre Flughöhe einhalten, ist mit großer Wahrscheinlichkeit auf der gegenüberliegenden Talseite Aufwind. Wechseln Sie die Talseite.

Falls Sie in ein Tal eingeflogen sind, dessen Talsohle schneller ansteigt als Ihr Flugzeug, drehen Sie rechtzeitig um.

Gefühlsmäßig würden Sie vermutlich am Liebsten Fahrt aufnehmen und eine steile Kurve fliegen. Aber auch hier täuscht das Gefühl: Der Kurvenradius wächst mit dem Quadrat der Geschwindigkeit, also sollten Sie langsam fliegen. (Siehe auch Kapitel „Fliegen bei marginalen Sichtbedingungen".)

Je größer die Schräglage, umso kleiner ist der Kurvenradius. Leider wächst aber auch das Lastvielfache, und damit steigt auch die Mindestgeschwindigkeit in der Kurve. Hier muss man den besten Kompromiss finden.

Die folgende Tabelle ist gerechnet für ein Flugzeug mit einer Überziehgeschwindigkeit von 40 Knoten, eine übliche Größenordnung für Privatflugzeuge in Landekonfiguration mit 20 Grad Klappen.

Als optimale und sichere Fluggeschwindigkeit wurde das 1,4fache der Überziehgeschwindigkeit im Kurvenflug gewählt.

Schräglage	20°	30°	40°	50°	60°	70°
Überziehgeschwindigkeit	41	43	46	50	57	68
Fluggeschwindigkeit	58	60	64	70	79	96
Lastvielfaches	1,06	1,15	1,31	1,56	2	2,9
Kurvendurchmesser (m)	494	338	263	220	195	180

Wie Sie sehen, nimmt der Kurvenradius mit zunehmender Schräglage deutlich ab, während Überziehgeschwindigkeit und Lastvielfaches anfänglich nur moderat zunehmen.

Bis zu Schräglagen von 70 Grad bleibt man noch unter dem zugelassenen Lastvielfachen. Letzteres beträgt dann allerdings bereits beachtliche 2,9g.

Da aber steile Schräglagen und hohe Kurvenbeschleunigungen von Passagieren im Allgemeinen als unangenehm empfunden werden, dürften 40 Grad den besten Kompromiss darstellen.

Obwohl eine Geschwindigkeit gewählt wurde, die 40 Prozent über der Überziehgeschwindigkeit im Kurvenflug liegt, beträgt der Kurvendurchmesser bei 40 Grad Schräglage nur mäßige 263 Meter.

Üben Sie solche Kurven über flachem Gelände und in sicherer Höhe. Sie werden überrascht sein, wie wenig Platz Sie zum Umkehren benötigen. Wollten Sie den gleichen Kurvendurchmesser mit normaler Reisegeschwindigkeit erreichen, z.B. mit 95 Knoten, so müssten Sie eine Steilkurve mit mehr als 60 Grad Schräglage fliegen.

Ein schnelles Flugzeug mit einer Reisegeschwindigkeit von 120 Knoten müsste, um eine so kleine Umkehrkurve fliegen zu können, eine Schräglage von annähernd 80 Grad einnehmen. Dabei hätte es ein Lastvielfaches von 5g!

Sie sehen also: Auch in diesem Falle ist langsamer fliegen sicherer.

6 Allgemeine Tipps

6.1 Wetter

Wenn Sie eine Reise mit Ihrem Flugzeug unternehmen wollen, spielt das Wetter eine sehr wichtige Rolle.

Neben dem Wetterbericht im Fernsehen können Sie sich mittels Internet ein bereits sehr genaues Bild über die Wetterlage für Ihren Flug machen.

Wichtig sind die METAR's und TAF's der nahe der geplanten Strecke liegenden Flugplätze. Diese sagen zwar nur punktuell, wie sich das Wetter zu entwickeln scheint, sind aber in der Regel sehr zuverlässig.

Seien Sie nicht sonderlich besorgt bei einem PROB 30 für Gewitter. PROB30 bedeutet lediglich, dass in der Vergangenheit bei solchen Wetterlagen nur in 30 Prozent aller Fälle Gewitter aufgetreten sind. Dabei können Sie von einzelnen, leicht umfliegbaren Gewittern ausgehen.

Auch die Aussage TEMPO für schlechte Sichtbedingungen ist noch nicht zu ernst zu nehmen, wenn sie nur für einen der auf der Strecke liegenden Plätze zutrifft.

Sind jedoch die Vorhersagen für mehrere hintereinander liegende Plätze zeitweilig schlecht, so ist die Wahrscheinlichkeit einer problemlosen Flugdurchführung schon deutlich geringer.

Sind für die geplante Route keine TAF's verfügbar, so kann man telefonisch an den auf der Route liegenden Plätzen um eine Beurteilung des gegenwärtigen Wetters bitten. Oftmals sind die Flugleiter der betreffenden Plätze erfahrener in der Beurteilung der lokalen Wetterentwicklung als die Computer der offiziellen Wetterberatung.

Und schließlich gibt es für fast jeden Ort eine Webcam, meist auch noch mit in der Vergangenheit zurückliegenden Aufnahmen, auf denen man die Wetterentwicklung der letzten Stunden sieht.

Wichtig ist auch gerade bei unsicheren Wetterlagen, dass Sie sich mit den verfügbaren Plätzen rechts und links der geplanten Route vertraut machen. Nichts ist ärgerlicher als eine Landung auf einem „geschlossenen" Flugplatz: Statt Kaffee für die Crew und Kraftstoff für das Flugzeug bekommt man nur Ärger wegen einer „unerlaubten Außenlandung"!

Die Abhängigkeit vom Wetter hat schon so manchen geplanten Flug ins Wasser fallen lassen. Nicht nur im Ausland erscheint es oftmals gerade in unsicheren Situationen schwierig, an geeignete Informationen zu gelangen um die richtige Entscheidung treffen zu können.

Beim obligatorischen Briefing bei der Wetterberatung erhält man in zweifelhaften Situationen stets eine sehr konservative Auskunft, die häufig in einem „VFR nicht empfehlenswert" mündet. Machen Sie dem Wetterfrosch daraus keinen Vorwurf, denn erstens er kann nicht wissen, wo Ihre fliegerischen Grenzen liegen, und zweitens haben in der Vergangenheit manche Piloten versucht, den Wetterdienst zu verklagen, wenn das aktuelle Wetter doch schlechter war als vorhergesagt. In den meisten Fällen können Sie immer noch fliegen und, wenn das Wetter doch schlechter als erwartet ist, landen.

Trotz allen Informationen und aller gebotenen Vorsicht ist es natürlich immer noch möglich, dass sich das Wetter überraschend verschlechtert. Weiterfliegen und auf Wetterbesserung hoffen ist wie Lottospielen, der Einsatz ist aber wesentlich höher. Lassen Sie sich nie in eine Ecke drängen, aus der Sie nicht herauskommen.

Eine einfache Regel ist die: Planen Sie je 500 Kilometer Entfernung zum Zielort einen Tag Reserve ein. Wenn Sie also einen Urlaub auf Mallorca machen und Sie müssen unbedingt am Montag früh im Büro sein, planen Sie Ihren Abflug spätestens für Freitag früh ein. Dann haben Sie genügend Zeit für eine Alternative: Fliegen Sie zum Beispiel bis zum Festland und nehmen einen Mietwagen. Sie können das Flugzeug immer noch später bei besseren Bedingungen abholen.

Ist man nun auf dem Flug, so gibt es immer noch diverse Möglichkeiten, Wetterinformationen einzuholen. Als erstes ist da der Flight Information Service zu nennen. Der hat zwar keine Wetterberatungsfunktion, kann aber die aktuellen METAR's und Kurzzeit-TAF's bei den diversen Flugplätzen erfragen und übermitteln.

Weiterhin gibt es die ATIS- und VOLMET-Ausstrahlungen größerer Flugplätze, die man abhören kann. Mittlerweile ist auch die Überdeckung der Mobiltelefonsender so dicht, dass man auch aus dem Flugzeug telefonisch Verbindung aufnehmen kann. Dabei ist die Verbindung am besten, wenn man niedrig und in Nähe von Autobahnen fliegt. (Übrigens: Es liegt im Ermessen des verantwortlichen Piloten, ob er das Telefonieren aus dem Flugzeug heraus erlaubt oder nicht!)

Und schließlich das Wichtigste: Der Blick aus dem Fenster.

Je dicker die Wolke, umso mehr Licht wird absorbiert und umso dunkler ist es also unter ihr.

Wolken von vertikaler Ausdehnung über 4000 Fuß bergen bereits die Chance von Regen oder Schnee. Je dicker und dunkler die Wolken, umso größer die Chance, in Probleme zu kommen.

Wenn Sie von einem Fluglotsen Anweisungen bekommen, geben Sie ihm nicht die Schuld, wenn er Sie unter dunkle Wolken führt. Er kann nicht sehen, was Sie sehen.

Die Radarechos von Wolken werden vom Rechner des Radarsystems ausgeblendet. Er kann die dunklen Wolken nur auf seinem Radarschirm sehen, wenn er diese normalerweise unterdrückten Radarechos bewusst zulässt.

Fliegen Sie abweichend von der Anweisung ins Helle und informieren Sie den Lotsen umgehend.

Wenn Sie einmal wetterbedingt nicht weiterfliegen können, landen Sie auf dem nächstgeeigneten Flugplatz und kommen Sie erst einmal wieder zur Ruhe.

Trinken Sie eine Tasse Tee oder Kaffee, gehen Sie ins Internet und informieren Sie sich aktuell, oder rufen Sie den Wetterdienst an und lassen Sie sich über das aktuelle Wetter der vor Ihnen liegenden Strecke informieren. Dann können Sie am besten die Risiken eines Weiterfluges abschätzen.

6.2 Sprechfunk

Der Sprechfunk ist eine nützliche und bisweilen lebensnotwendige Kommunikation zwischen Bodenstation und Flugzeug.

Die Bodenstation ist eine Dienstleistungsstelle (Flight Service), die die Aufgabe hat, den Piloten die Arbeit zu erleichtern.

Manche Mitarbeiter der Bodenfunkstellen, besonders an kleineren Plätzen, scheinen allerdings ihre Aufgabe falsch zu verstehen und nehmen die deutsche Bezeichnung „Luftaufsicht" zu wörtlich. Aus diesem Grunde ist es bei solchen „Kollegen" nicht unbedingt ratsam, den Sprechfunk in devotem Ton und ausschließlich mit den in der Schulung auswendig gelernten Sprechgruppen abzusetzen.

Wenn Sie sich besonders fest an diese Phraseologie halten, werden Sie leicht als Anfänger angesehen, der naturgemäß mehr Fehler macht, und Sie laufen Gefahr, besonders geschulmeistert zu werden.

Wiederholen Sie die Anweisungen nicht komplett und wörtlich, das belastet nur die Funkfrequenz. „Wind 270 Grad mit 12 Knoten, Start frei auf der Piste 26 über Abflugstrecke Sierra, melden Sie Sierra in 3000 Fuß" können Sie getrost abkürzen in: „Start frei, Sierra in 3000 als nächstes".

Oder wenn Sie zum Beispiel auf Ihrem Überlandflug die Kontrollzone eines Flugplatzes durchqueren wollen, ist es dem Lotsen völlig gleichgültig, woher Sie kommen und über welche VORs Sie wohin fliegen wollen, wieviel Personen an Bord sind und vieles mehr.

Ihm genügt zu wissen, mit welchem Flugzeug Sie wo sind und in welcher Richtung und Höhe Sie seine Kontrollzone durchqueren wollen. Sagen Sie ihm, wer, wo und wie hoch Sie sind und was Sie wollen. Alles andere ist nutzloses Beiwerk.

Eine andere Unsitte ist es, wichtige Anweisungen lediglich mit „Roger" oder „Wilco" zu quittieren. Diese Worte sagen nicht aus, ob Sie den Sinn der Meldung verstanden haben. Der Controller kann daraus nichts erkennen, außer, dass Funkkontakt besteht.

Ein oder zwei Worte der Anweisung wiederholt, geben der Antwort einen Sinn, und Sie geben dem Controller die Chance Sie zu berichtigen, wenn Sie etwas falsch verstanden haben sollten.

Darum sagen Sie nicht mehr, aber auch nicht weniger als das Wesentliche. Die gelernten Sprechgruppen sind eine Hilfestellung, man muss aber keinesfalls sklavisch daran festhalten.

Aber auch auf der Lotsenseite gibt es nicht nur vollkommene Meister ihres Faches. Manche zeichnen sich durch besonders schnelles und undeutliches Sprechen aus.

Von einem solchen Fall wird erzählt, dass ein Pilot sinngemäß sagte: „Sie haben zwei Möglichkeiten: Entweder Sie machen Ihre Durchsage einmal, langsam, klar und deutlich, damit auch ich sie verstehen kann, oder zehnmal in Ihrer Geschwindigkeit." Plötzlich waren die Anweisungen klar und verständlich.

Noch eine kleine Anmerkung zur Positionierung des Mikrofons: Je näher das Mikrofon an den Mund gehalten wird, umso deutlicher hebt sich das gesprochene Wort vom Motor- und sonstigem Hintergrundgeräusch ab. Befindet sich jedoch das Mikrofon direkt vor dem Mund, klingen Konsonanten wie „p" oder „t" wie kleine Explosionen.

Wesentlich besser werden Sie verstanden, wenn Sie das Mikrofon unterhalb der Mundöffnung positionieren, etwa vor die Unterlippe. „P" und „t" klingen dann normal, da sich der damit verbundene Luftstoß oberhalb des Mikrofons ausbreiten kann, die Sprache bleibt aber deutlich, da der Schall vom Gaumen nach unten reflektiert wird.

6.3 Ausrüstung

Pilotenkoffer werden oftmals abfällig als „Reiheneckhaus mit Henkel" bezeichnet. Abgesehen von den sperrigen Dimensionen ist auch die Handhabung solcher Statussymbole nicht gerade einfach. Alles, was man benötigt, muss aus der bisweilen unergründlichen Tiefe durch die schmale oben gelegene Öffnung ans Tageslicht befördert werden.

Wesentlich praktischer sind Reisetaschen für kurze Geschäftsreisen. In dem meist gepolsterten Fach für den Rechner kann man sein Headset und eventuell vorhandenes Intercom, GPS oder Handfunkgerät unterbringen, und die Karten und die restlichen Utensilien finden in den vielen Fächern Platz. Außerdem kann man eine solche Tasche auch einmal beim Aussteigen aus einem Tiefdecker auf der Tragfläche ablegen, ohne den Lack zu verkratzen, was bei den Pilotenkoffern mit ihren harten und kantigen Verstärkungen nicht immer ratsam erscheint.

Auch viele andere von Pilot Shops angebotenen Utensilien sind oft nicht wirklich notwendig und sinnvoll. Manche Dinge sehen ungeheuer professionell und gut aus. Nur sind sie es nicht immer.

Nehmen wir als Beispiel die hervorragend gestylten Taschenlampen. Das Gehäuse besteht zumeist aus Aluminium. Das hört sich besonders leicht an, ist aber viel dicker und damit schwerer als billiges Tiefziehblech.

Damit sie auch noch besser aussieht, ist sie mattschwarz eloxiert. Aber warum? Blendet nachts etwa der Mondschein?

Zweifellos leistet eine billige, meist verchromte Taschenlampe aus dem Haushaltsgeschäft die gleichen Dienste. Wenn man sie „irgendwohin" gelegt hat, ist sie außerdem bei dem schwachen Licht der Instrumentenbeleuchtung leichter zu finden als ein schwarzes Gerät.

Und wozu die rote Linse? Damit man auf der Karte nichts mehr identifizieren kann? Vergleichen Sie einmal, wie gut Sie die oft roten oder magentafarbenen Linien und Angaben auf der Karte einmal bei weißem und alternativ bei rotem Licht zu entziffern und Sie werden feststellen, dass Sie in gedämpften weißen Licht die Details viel besser sehen können und Sie werden das Rotlicht nie mehr benutzen.

In diesem Zusammenhang noch ein kleiner Trick:

Wenn Sie mit der Lampe aus kurzer Entfernung an den Dachhimmel Ihres Flugzeuges leuchten, vermeiden Sie jede Blendung, und das reflektierte Streulicht erlaubt Ihnen zudem die Übersicht über das gesamte Cockpit.

Ein anderes viel gekauftes Utensil: Ein auf dem Oberschenkel mit einem Gummizug fest zu bindendes Kniebrett. Das sieht unglaublich professionell aus, wenn man aus dem Flugzeug aussteigt und diese Dinger erscheinen im ersten Moment sehr praktisch zu sein.

Die Fixierung auf dem Oberschenkel hat den unbestreitbaren Vorteil, dass sich das Kniebrett bei Kunstflugmanövern nicht während des Fluges selbständig macht.

Solche Manöver dürften aber bei Ihren Überlandflügen vermutlich eher selten sein.

Viel bessere Dienste leistet da ein einfaches DIN-A4 Klemmbrett, das Sie für wenig Geld in jedem Büroladen erhalten können.

Das Klemmbrett hat den Vorteil, dass es auf beiden Oberschenkeln aufliegt und zum Schreiben eine größere Fläche bietet. Wollen Sie etwas ablesen, können Sie es hochnehmen und brauchen nicht den Kopf zu beugen (wichtig speziell bei Instrumentenflug). Letztendlich können Sie es auch griffbereit zwischen die Sitze stellen, wenn Sie es nicht brauchen.

Völlig unsinnig sind auch Stoppuhren, insbesondere digitale Exemplare. Sollte eine solche Uhr im Instrumentenbrett Ihres Flugzeuges eingebaut sein, sollten Sie es gegen ein analoges Exemplar auswechseln.

Sie fragen sich, warum? Natürlich brauchen Sie eine Uhr, zum Beispiel um (zumindest bei allen Tiefdeckern) Ihren Tank alle halbe Stunde umzuschalten.

Eine analoge Uhr hilft Ihnen aber dabei besser: Ein kurzer Blick verrät Ihnen, auf welcher Seite der Minutenzeiger steht. Schalten Sie den Tank stets auf diese Seite und Sie werden das Umschalten nie vergessen.

Fliegen Sie IFR, müssen Sie bei Holdings und Procedure Turns jeweils eine Minute geradeaus fliegen. Merken Sie sich bei Beginn dieser Minute lediglich die Stellung des Sekundenzeigers und nach einer Minute steht der Zeiger an der gleichen Stelle. So können Sie eine Minute genau einhalten, ohne eine Stoppuhr starten, stoppen und auf null stellen zu müssen.

Überprüfen Sie also den praktischen Nutzen jedes Artikels, den Sie mitnehmen wollen, ob Sie ihn während des Fluges sowohl benötigen als auch sinnvoll benutzen können.

Was Sie nicht mitnehmen, können Sie nicht verlieren, es nimmt keinen Platz weg und wiegt auch nichts.

Auf das notwendige, aber zum Fliegen ausreichende Maß reduziert, genügen dem Sicht- wie dem Instrumentenpiloten ein Klemmbrett mit einem Stück Papier, die entsprechenden Karten, die Anflugkarten der in Frage kommenden Plätze, ein Bleistift und ein Headset.

Ein portables GPS (es reicht heutzutage ein Smartphone mit entsprechender Software) und ein Handfunkgerät, und Sie sind sogar für den Notfall komplett ausgerüstet.

6.4 Die meisten Unfälle wären vermeidbar

Liest man Berichte von Flugunfällen, fragt man sich häufig, wie der verunglückte Pilot so nachlässig, ignorant oder dumm gewesen sein konnte. Unwillkürlich denkt man über sein eigenes Können nach, fühlt sich über solche Fehler erhaben und meint im ersten Moment, so falsch nie zu reagieren.

Leider ist dies ein Trugschluss, wie die vielen Unfälle auch routinierter Piloten beweisen.

Die Unfallforscher können immer nur herausfinden, welche objektiven Tatbestände zum Unfall geführt haben. Die persönliche Situation des Piloten entzieht sich jedoch der objektiven Beurteilung. In den meisten Fällen stand vermutlich der Pilot so unter Stress, dass sein klares Denken mehr oder weniger stark eingeschränkt bis schlichtweg ausgeblockt war.

Wenn Sie an einige selbst erlebte unangenehme Situationen zurückdenken, werden Sie vermutlich zugeben müssen, dass Sie öfters schon unter Anspannung standen und Stress empfanden. Vielleicht hatten Sie sogar auch manchmal ganz allgemeine Angst, sodass Entscheidungsprozesse erheblich eingeschränkt waren. Aus diesem Grund sollten Sie Strategien entwickeln, die dem Aufkommen von Angst entgegenwirken.

Die einfachste Methode ist es, Risiken vor Flugbeginn abzuschätzen und zu minimieren.

Kommen mehrere, einzeln unbedeutende Faktoren zusammen, gerät man leicht in eine gewisse Anspannung. Ist man irgendwie verärgert, fühlt sich nicht wohl oder hat Sorgen, so ist dies noch nicht unbedingt ein hinreichender Grund, den geplanten Flug abzusagen.

Kommt nun der Fluggast verspätet, ist das für sich genommen auch nur ärgerlich. Sind aber jetzt auch noch die Wetterbedingungen nicht optimal, so wird die Situation bereits unfallträchtig.

Ein weiterer Punkt ist fehlende Routine. Ist man nicht in Übung, erfordert das Fliegen Konzentration und ist ermüdend, wodurch sich Fehler entwickeln, deren Behebung weitere Konzentration erfordert.

Die beste vorbeugende Maßnahme ist natürlich, in Übung zu bleiben.

Dies ist leider ein nicht unerheblicher Zeit- und Kostenfaktor. Je ungeübter Sie also sind, umso eher sollten Sie bereit sein, einen geplanten Flug nicht anzutreten.

Der dritte Risikofaktor ist die Tatsache, dass eine unerwartete und überraschend auftretende Änderung der Situation Stress auslöst. Die damit verbundene Ausschüttung von Adrenalin ist zugeschnitten auf die Lebensweise der Primaten im Überlebenskampf. Hier wird der Körper auf Kampf oder Flucht programmiert. Logisches Denken wird größtenteils durch instinktive Handlungen ersetzt. Der Instinkt befiehlt aber oftmals die falsche Handlungsweise.

Im Falle eines Motorschadens zum Beispiel will man gefühlsmäßig „oben" bleiben und zieht. Dass man damit die Geschwindigkeit verringert ist jedem klar. Trotzdem geraten immer wieder Flugzeuge ins Trudeln, obwohl genügend Notlandefelder erreichbar gewesen wären.

In Egelsbach zum Beispiel ist im November 1988 eine Jodel exakt auf die Schwelle des Flugplatzes getrudelt. Der Pilot hatte einen längeren Flug in marginalen Sichtverhältnissen hinter sich. Auch am Platz war die Sicht stark eingeschränkt. Er war vermutlich nicht geübt im Instrumentenflug und stand damit unter hohem Stress. Beim Eindrehen in den Endanflug verlor er letztmalig kurzzeitig den Sichtkontakt zum Boden und reagierte offensichtlich falsch.

Auf solche unfallträchtigen Situationen können Sie sich mental gut vorbereiten.

Versetzen Sie sich im Geiste zum Beispiel in die Situation eines Motorausfalles. Spielen Sie die dabei notwendigen Handgriffe immer wieder durch. Tritt dann tatsächlich einmal dieser Notfall ein, so läuft das ganze Verfahren nahezu routinemäßig ab, und Sie bleiben innerlich weitestgehend ruhig.

Fliegen birgt immer ein gewisses Risiko. Man kann es aber durch Vorbereitung minimieren.

Vorbereitung für den Flug und das Flugzeug beginnt damit, dass Sie sich für die Vorflugkontrolle und das Verstauen der notwendigen Dinge im Cockpit genügend Zeit nehmen.

Es sind Fälle bekannt, bei denen erfahrene Piloten aus Zeitdruck das Tanken oder Verschließen des Tankdeckels unterlassen haben -mit fatalen Folgen.

Zur Vorbereitung gehört aber auch Routine in der Nutzung der eingebauten Geräte. Das beste Radio oder GPS ist nur Ballast, wenn Sie es nicht richtig bedienen können.

Einflug in schlechtes Wetter gehört in die Kategorie Zeitdruck. Wer unbedingt zum Termin ankommen will, nimmt größere Risiken in Kauf.

Die körperliche und mentale Vorbereitung schließlich ist die wichtigste Voraussetzung für einen sicheren Flug. Die Amerikaner haben diese erforderliche Fitness in dem Akronym „I'm safe"! sehr griffig zusammengefasst. Hier steht

- I   für Illness.   Kranke Piloten sind schlechte Piloten.
- M   für Medication.   Arzneien können betäuben.
- S   für Stress.   Unter Stress macht man Fehler.
- A   für Alcohol.   Angetrunken kann man nicht fliegen.
- F   für Fatigue.   Müde Piloten machen mehr Fehler.
- E   für Emotions.   Nur ausgeglichene Piloten fliegen gut.

In diesem Sinne wünsche ich Ihnen viele vergnügliche Stunden in der Luft und **„Many happy landings"**.

Schlusswort

Ich hoffe sie haben ebenso viel Spaß am Lesen dieses Buches, wie mir das Schreiben Spaß gemacht hat, und sie konnten einige Dinge lernen oder schon in ihren fliegerischen Alltag integrieren.

An dieser Stelle sei nochmals erwähnt, dass sich dieses Buch über die Jahre immer weiter und weiter entwickelt hat und auch in Zukunft in unregelmäßigen Abständen immer wieder überarbeitet und erweitert wird.

Für Anregungen, Kritik oder Kommentare bin ich stets dankbar.

Viktor Rothe

www.flyperfect.de

Glossar

Abtrieb	Abwärts gerichtete aerodynamische Kraft.
Anstellwinkel	Winkel zwischen Anblasrichtung (Richtung der anströmenden Luft) und Profilsehne.
AOA-Indicator	Instrument, das die Richtung der anströmenden Luft (Angle of Attack) an der Tragfläche anzeigt.
Auftrieb	Aerodynamisch erzeugte parallel zur Hochachse gerichtete Kraft.
Auftriebsmittelpunkt	Punkt an dem die Gesamtheit der parallel zur Hochachse nach oben wirkenden Luftkräfte angreift.
Bodeneffekt	Die von der Tragfläche nach unten beschleunigte Luftmenge staut sich in Bodennähe und erhöht dadurch die Auftriebskraft.
Cumuli	Haufenwolken mit blumenkohlähnlichem Aussehen.
Dämpfungsfläche	Feststehender Teil des Höhen- oder Seitenleitwerks.
Downwash	Nach unten gerichtete Reaktionsströmung hinter der Tragfläche.
Einstellwinkel	Winkel zwischen Profilsehne und Flugzeuglängsachse.
Fahrtmesser	Geschwindigkeitsanzeige.
Flettner Klappe	Einstellbares Hilfsruder am hinteren Ende eines Ruders.

Gekreuzte Ruder	Entgegengesetzt betätigte Quer- und Seitenruder (Querruder nach links, Seitenruder nach rechts oder umgekehrt)
Gieren	Drehung um die Hochachse.
Halbkreishöhe	Empfohlene Höhe für Überlandflüge
Head-up display	Einrichtung zur Projektion der Fluglageinstrumente auf die Windschutzscheibe in das Sichtfeld des Piloten
Hochachse	Vertikale Linie durch den Schwerpunkt des Flugzeuges
Höhenleitwerk	Horizontale Fläche zur Steuerung um die Querachse, besteht meist aus einer feststehenden Dämpfungsfläche und dem beweglichen Höhenruder. Pendelruder haben keine Dämpfungsfläche sondern drehen sich im Ganzen um eine querliegende Achse.
Höhenruder	Horizontale bewegliche Steuerfläche zum Steuern Flugzeuglage um die Querachse
Induzierte Widerstand	Unerwünschtes Nebenprodukt des Auftriebes
Inversionswetterlagen	Wetterlage, die durch eine Umkehr (lateinisch: inversio) des vertikalen Temperaturgradienten geprägt ist: Die oberen Luftschichten sind hierbei wärmer als die unteren.
Künstlicher Horizont	Kreiselinstrument zur Anzeige der Fluglage im Raum
Laminarprofil	Widerstandsarmes Tragflächenprofil mit weit zurückliegender Profildicke

Längsachse	In Längsrichtung des Flugzeuges verlaufende Linie durch den Schwerpunkt
Lastvielfaches	Scheinbare Gewichtvergrößerung durch Beschleunigungskräfte
Leitwerk	Flächen zur Bewegung um Quer- und Hochachse, bestehend aus Höhen- und Seitenleitwerk
Looping	Vertikaler Vollkreis, Kunstflugfigur
Low Wing Methode	Slippen zum Kompensieren der Abdrift bei Seitenwind
Microburst	Kaltlufttropfen mit einer Ausdehnung von wenigen 100 Metern mit einer Sinkgeschwindigkeit von mehreren 100 Metern pro Minute, der beim Auftreffen auf den Boden hohe Windscherungen verursachen kann.
P-Faktor	Unsymmetrischer Propellerschub bei großen Anstellwinkeln (große Winkel zwischen Flugzeuglängsachse und Flugrichtung)
Parasitäre Widerstand	Durch Luftströmung hervorgerufene der Flugrichtung entgegengesetzte Kraft
Pitch Attitude	Lage des Flugzeuges um die Querachse in Bezug auf den Horizont
Positives Rollmoment	Beim Kurvenflug durch die unterschiedliche Strömungsgeschwindigkeit an den Tragflächen verursachte Drehung des Flugzeuges um die Längsachse in Richtung der Kurve
Profilsehne	Linie von vorderstem zum hintersten Punkt eines Profils

Querachse	Horizontal und quer zur Längsachse des Flugzeuges verlaufende Linie durch den Schwerpunkt
Querruder	An den Tragflächenenden angebrachte Steuerflächen zur Steuerung des Flugzeuges um die Längsachse
Querstabilität	Stabilität um die Längsachse
Reisesteigflug	Steigflug mit Reisegeschwindigkeit
Rotieren	Erzwungener Übergang vom Startlauf in den Steigflug bei Erreichen der notwendigen Geschwindigkeit durch Drehung um die Querachse
RPM	Motordrehzahl in Umdrehungen pro Minute (Revolutions Per Minute)
Schräglagewinkel	Neigungswinkel der Querachse gegenüber dem Horizont
Seitenleitwerk	Vertikale Fläche zur Steuerung um die Hochachse, bestehend aus der feststehenden Dämpfungsfläche und dem beweglichen Seitenruder
Seitenruder	Beweglicher Teile des Seitenleitwerks zur Steuerung des Flugzeuges um die Hochachse
Sideslip	Seitengleitflug zum seitlichen Versetzen des Flugzeuges mit dem Querruder unter Beibehaltung des Kurses über Grund. Dabei wird der Smiley mit dem Seitenruder auf seiner Position gegenüber dem Horizont oder Grund gehalten.

Sinkgeschwindigkeit	Vertikalgeschwindigkeit, allgemein in Fuß pro Minute angegeben
Sinkrate	Vertikalgeschwindigkeit, allgemein in Fuß pro Minute angegeben
Slip/Sideslip	Unkoordinierte Fluglage, bei dem das Flugzeug schräg zur Längsachse angeströmt wird (Sideslip). Seitengleitflug zum seitlichen Versetzen des Flugzeuges mit dem Querruder unter Beibehaltung des Kurses über Grund. Dabei wird bei leichter Schräglage des Flugzeuges der Smiley mit dem Seitenruder auf seiner Position gegenüber dem Horizont oder Grund gehalten. Um Höhe abzubauen wird zur Vergrößerung der Sinkrate das Seitenruder voll ausgeschlagen. Die dadurch verursachten Luftwirbel verringern die kinetische Energie des Flugzeuges (Vorwärtsslip).
Steigrate	Vertikalgeschwindigkeit, allgemein in Fuß pro Minute angegeben
Steuerfläche	Beweglicher Teil eines Ruders (Höhenruder, Seitenruder und Querruder)
Trimmung	Einrichtung zur Kompensation von Steuerdrücken
Trudeln	Stabiler unkoordinierter Flugzustand mit hoher Sinkrate und Rotation des Flugzeuges um eine nahe der Hochachse liegende Achse
Überziehgeschwindigkeit	Mindestgeschwindigkeit im unbeschleunigten Horizontalflug

Überziehwarnung	Einrichtung, die vor Annäherung der Geschwindigkeit an die Überziehgeschwindigkeit warnt
Unkoordinierter Flugzustand	Flugzustand, bei dem die Flugrichtung nicht mit der Flugzeuglängsachse übereinstimmt
Variometer	Anzeigegerät für die Vertikalgeschwindigkeit (Steig- oder Sinkrate)
V_a	Manövergeschwindigkeit
V_{S0}	Überziehgeschwindigkeit in Landekonfiguration
V_x	Geschwindigkeit für steilstes Steigen (größtmöglicher Höhengewinn pro zurückgelegte Strecke)
V_y	Geschwindigkeit für bestes Steigen (größtmöglicher Höhengewinn pro Zeit)
Windscherung	Unterschied der Windgeschwindigkeit und/oder Windrichtung zwischen zwei nahegelegenen Punkten der Erdatmosphäre

www.ingramcontent.com/pod-product-compliance
Lightning Source LLC
Chambersburg PA
CBHW071419180526
45170CB00001B/151